国家职业技能等级认定培训教程
国家基本职业培训包教材资源

西式面点师

（技师 高级技师）

编审委员会

主　任　刘　康　张　斌
副主任　荣庆华　冯　政
委　员　葛恒双　赵　欢　王小兵　张灵芝　吕红文　张晓燕　贾成千
　　　　高　文　瞿伟洁

本书编审人员

主　编　史见孟
副主编　干文华　张永亮　张　帅
编　者　郁　慧　邓小文　刘福焕　李年云　姜　川　孙　敏
主　审　董正琪　李　博

中国人力资源和社会保障出版集团

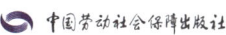

图书在版编目（CIP）数据

西式面点师：技师　高级技师/中国就业培训技术指导中心组织编写 . -- 北京：中国劳动社会保障出版社：中国人事出版社，2021

国家职业技能等级认定培训教程

ISBN 978-7-5167-0652-7

Ⅰ.①西… Ⅱ.①中… Ⅲ.①西式菜肴–面食–制作–职业技能–鉴定–教材 Ⅳ.①TS972.116

中国版本图书馆 CIP 数据核字（2021）第 054522 号

中国劳动社会保障出版社
中国人事出版社 出版发行

（北京市惠新东街1号　邮政编码：100029）

*

北京市艺辉印刷有限公司印刷装订　新华书店经销
787 毫米 × 1092 毫米　16 开本　22.75 印张　372 千字
2021 年 5 月第 1 版　2021 年 5 月第 1 次印刷
定价：78.00 元

读者服务部电话：（010）64929211/84209101/64921644
营销中心电话：（010）64962347
出版社网址：http://www.class.com.cn

版权专有　　侵权必究

如有印装差错，请与本社联系调换：（010）81211666
我社将与版权执法机关配合，大力打击盗印、销售和使用盗版图书活动，敬请广大读者协助举报，经查实将给予举报者奖励。
举报电话：（010）64954652

前　言

为加快建立劳动者终身职业技能培训制度，大力实施职业技能提升行动，全面推行职业技能等级制度，推进技能人才评价制度改革，促进国家基本职业培训包制度与职业技能等级认定制度的有效衔接，进一步规范培训管理，提高培训质量，中国就业培训技术指导中心组织有关专家在《西式面点师国家职业技能标准（2018年版）》（以下简称《标准》）制定工作基础上，编写了西式面点师国家职业技能等级认定培训教程（以下简称等级教程）。

西式面点师等级教程紧贴《标准》要求编写，内容上突出职业能力优先的编写原则，结构上按照职业功能模块分级别编写。该等级教程共包括《西式面点师（基础知识）》《西式面点师（初级）》《西式面点师（中级）》《西式面点师（高级）》《西式面点师（技师　高级技师）》5本。《西式面点师（基础知识）》是各级别西式面点师均需掌握的基础知识，其他各级别教程内容分别包括各级别西式面点师应掌握的理论知识和操作技能。

本书是西式面点师等级教程中的一本，是职业技能等级认定推荐教程，也是职业技能等级认定题库开发的重要依据，已纳入国家基本职业培训包教材资源，适用于职业技能等级认定培训和中短期职业技能培训。

本书在编写过程中得到上海市现代食品职业技能培训中心、干文华国家级技能大师工作室、中国焙烤食品糖制品工业协会、上海市食品协会、上海新麦食品工业有限公司、上海海融食品科技股份有限公司、上海城建职业学院城市食品安全研究所、上海市贸易学校、上海糖师师培训学校有限公司、上海亿成食品科技有限公司等单位的大力支持与协助，在此一并表示衷心感谢。

中国就业培训技术指导中心

目 录 CONTENTS

职业模块 1　巧克力艺术造型作品的制作 ………………………………………… 1

　培训项目 1　巧克力配件 ……………………………………………………………… 3
　　培训单元 1　制作巧克力配件的模具 ………………………………………………… 3
　　培训单元 2　用模具制作巧克力配件 ………………………………………………… 8
　　培训单元 3　巧克力配件的组合 ……………………………………………………… 12
　培训项目 2　巧克力装饰 ……………………………………………………………… 18
　　培训单元 1　用喷、描、涂的手法装饰巧克力 ……………………………………… 18
　　培训单元 2　用捏塑的手法装饰巧克力 ……………………………………………… 21

职业模块 2　糖艺制品的制作 ………………………………………………………… 27

　培训项目 1　糖浆和糖体的制作 ……………………………………………………… 29
　　培训单元 1　按糖浆的配方配料 ……………………………………………………… 29
　　培训单元 2　糖浆的熬制 ……………………………………………………………… 33
　　培训单元 3　糖浆的冷却和糖体的保存 ……………………………………………… 37
　培训项目 2　糖艺制品的成型 ………………………………………………………… 40
　　培训单元 1　用工具制作单件糖艺制品 ……………………………………………… 40
　　培训单元 2　手工制作单件糖艺制品 ………………………………………………… 43

职业模块 3　糖艺造型作品的制作 …………………………………………………… 57

　培训项目 1　糖艺配件的制作 ………………………………………………………… 59
　　培训单元 1　制作糖艺配件模具 ……………………………………………………… 59
　　培训单元 2　用模具制作糖艺配件 …………………………………………………… 61
　　培训单元 3　手工制作糖艺配件 ……………………………………………………… 71
　培训项目 2　糖艺造型作品的组合 …………………………………………………… 83
　　培训单元 1　糖艺造型作品的组合方法 ……………………………………………… 83
　　培训单元 2　糖艺造型作品的整体装饰与保存 ……………………………………… 89

职业模块 4　装饰蛋糕的制作 ... 91

培训项目 1　糖团的调制 ... 93
培训单元 1　白帽糖团的调制 ... 93
培训单元 2　杏仁膏糖团的调制 ... 97
培训单元 3　巧克力糖团的调制 ... 99

培训项目 2　蛋糕的装饰 ... 102
培训单元 1　白帽糖团装饰 ... 102
培训单元 2　杏仁膏糖团装饰 ... 107
培训单元 3　巧克力糖团装饰 ... 112

职业模块 5　艺术造型面包的制作 ... 119

培训项目 1　艺术造型面包的设计 ... 121
培训单元 1　按主题要求设计艺术造型面包 ... 121
培训单元 2　主题面包的设计说明书 ... 124

培训项目 2　艺术造型面包面团的调制 ... 133
培训单元 1　艺术造型面包面团的种类和特点 ... 133
培训单元 2　艺术造型面包面团的调制方法和注意事项 ... 138

培训项目 3　艺术造型面包面团的成型与醒发 ... 146
培训单元 1　艺术造型面包面团的成型 ... 146
培训单元 2　艺术造型面包面团的醒发 ... 159

培训项目 4　艺术造型面包的成熟 ... 164
培训单元 1　无糖无油面包的成熟 ... 164
培训单元 2　起酥面包的成熟 ... 166
培训单元 3　不发酵类艺术造型面包的成熟 ... 169

培训项目 5　艺术造型面包的组合与摆台 ... 172
培训单元 1　艺术造型面包的组合 ... 172
培训单元 2　艺术造型面包的摆台 ... 175

职业模块 6　甜品的制作 ... 179

培训项目 1　面糊的调制 ... 181
培训单元 1　布丁面糊的调制 ... 181

培训单元 2　苏夫利面糊的调制 …………………………………………… 187
　　培训单元 3　乳酪蛋糕面糊的调制 ………………………………………… 192

培训项目 2　面糊的成型 ………………………………………………………… 199
　　培训单元 1　甜品模具的种类和适用范围 ………………………………… 199
　　培训单元 2　布丁面糊的成型 ……………………………………………… 200
　　培训单元 3　苏夫利面糊的成型 …………………………………………… 203
　　培训单元 4　乳酪蛋糕面糊的成型 ………………………………………… 205

培训项目 3　面糊的成熟 ………………………………………………………… 209
　　培训单元 1　面糊的隔水烘烤成熟 ………………………………………… 209
　　培训单元 2　面糊的冷冻成熟 ……………………………………………… 213
　　培训单元 3　甜品的色、香、味 …………………………………………… 214

培训项目 4　甜品的装饰 ………………………………………………………… 216
　　培训单元 1　装饰原则与美学知识 ………………………………………… 216
　　培训单元 2　器皿选择与装饰应用 ………………………………………… 218

职业模块 7　创意甜品的设计与制作 …………………………………………… 221

培训项目 1　创意甜品的设计 …………………………………………………… 223
　　培训单元 1　创意甜品的设计方法和要求 ………………………………… 223
　　培训单元 2　创意甜品设计说明书的编制 ………………………………… 224

培训项目 2　创意甜品的制作 …………………………………………………… 227
　　培训单元 1　新原料、新设备工具与新工艺 ……………………………… 227
　　培训单元 2　创意甜品的成型与成熟 ……………………………………… 228
　　培训单元 3　创意甜品的装饰 ……………………………………………… 244

职业模块 8　厨房管理 ……………………………………………………………… 251

培训项目 1　人员管理与技术指导 ……………………………………………… 253
　　培训单元 1　西点厨房工作人员的配备 …………………………………… 253
　　培训单元 2　沟通与解决质量问题 ………………………………………… 256
　　培训单元 3　技术指导 ……………………………………………………… 259

培训项目 2　生产管理 …………………………………………………………… 261
　　培训单元 1　西点厨房的组织管理 ………………………………………… 261

培训单元2　西点厨房的布局 ················· 262
　　培训单元3　西点厨房的生产设备管理 ········· 266
　　培训单元4　西点厨房的食品安全管理 ········· 270
　　培训单元5　西点厨房的生产安全管理 ········· 273
　培训项目3　质量管理 ························· 276
　　培训单元1　原料的质量鉴别 ················· 276
　　培训单元2　生产过程的质量管理 ············· 279
　　培训单元3　成品的质量管理 ················· 282
　培训项目4　成本核算 ························· 284
　　培训单元1　原料的成本核算 ················· 284
　　培训单元2　产品的成本核算 ················· 287
　培训项目5　成本控制 ························· 289
　　培训单元1　原料采购成本控制 ··············· 289
　　培训单元2　食品储存成本控制 ··············· 290
　　培训单元3　厨房生产成本控制 ··············· 292
　　培训单元4　厨房用工成本控制 ··············· 294
　　培训单元5　产品利润控制 ··················· 295
　培训项目6　菜单设计 ························· 297
　　培训单元1　按膳食平衡的原则设计西点菜单 ··· 297
　　培训单元2　按成本要求设计西点菜单 ········· 302
　　培训单元3　设计、配制节日点心 ············· 303
　　培训单元4　常见菜单的设计 ················· 306
　培训项目7　菜单策划 ························· 309
　　培训单元1　菜单策划的基础知识 ············· 309
　　培训单元2　菜单定价 ······················· 312

职业模块9　技术创新与培训 ················· 315
　培训项目1　技术研究 ························· 317
　　培训单元1　技术问题、工艺难题的处理与解决 ··· 317
　　培训单元2　技术研究总结的撰写 ············· 324
　培训项目2　技术创新 ························· 327

培训单元1　原料的创新 …………………………………………… 327
　　培训单元2　新工艺、新品种的开发 ……………………………… 330
培训项目3　培训指导 ………………………………………………… 334
　　培训单元1　培训与培训实施方法 ………………………………… 334
　　培训单元2　培训计划和培训大纲的编写 ………………………… 337
　　培训单元3　培训讲义和培训教案的编写 ………………………… 339
　　培训单元4　英语培训 ……………………………………………… 342

职业模块 ❶ 巧克力艺术造型作品的制作

内容结构图

- 巧克力艺术造型作品的制作
  - 巧克力配件
    - 制作巧克力配件的模具
    - 用模具制作巧克力配件
    - 巧克力配件的组合
  - 巧克力装饰
    - 用喷、描、涂的手法装饰巧克力
    - 用捏塑的手法装饰巧克力

职业模块1　巧克力艺术造型作品的制作

培训项目 1 巧克力配件

培训单元1　制作巧克力配件的模具

培训重点

了解巧克力配件模具的种类
掌握巧克力配件模具的制作方法
能够制作巧克力配件模具

知识要求

一、巧克力配件模具的种类（见表1-1）

表1-1　巧克力配件模具的种类

种类	图示	材料特性
软胶模具		强度高，稳定性好，在抗氧化、抗强酸和抗还原方面表现较好

续表

种类	图示	材料特性
硅胶模具	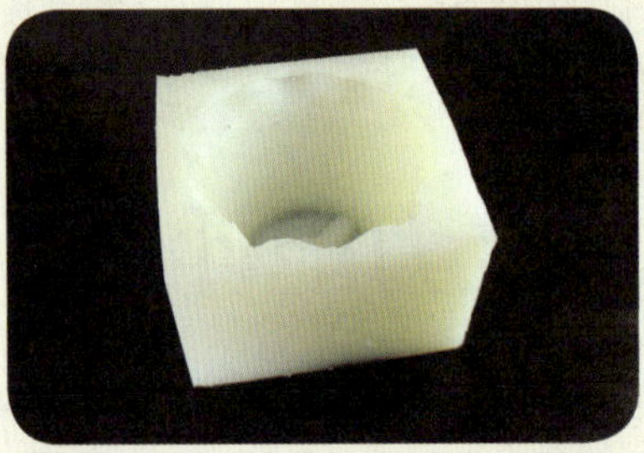	一种高活性吸附材料，耐高温，环保无毒，使用寿命长，柔软且不易变形
亚克力模具		一种开发较早的可塑性高分子材料，透明性较好，具有一定的耐气候性、耐老化性，易染色、易加工，外观优美
金属模具		硬度大，表面光滑，不易损坏

二、巧克力配件模具的制作方法

1. 用软胶制作巧克力配件模具

为了防止软胶四处流动，要把用棉布擦干净的母模用硬塑板圈住。按配方调配软胶液时，应按不规则方向进行搅拌，使固化剂和软胶混合均匀，同时尽量减少空气的混入。

软胶液配好后应及时制模。一般将软胶液用滴流的方式倒在母模的最高部位，使其自然流淌，未流到的部位可用油画笔刷到位。为了保证模具成品光滑，可以在涂第一层软胶液时抽一次真空，真空度要求在 -0.1 MPa 时保持 7~8 s。

软胶与固化剂混合后发生反应，释放低分子醇，为了使低分子醇脱离胶体，可借助负压设备在负压条件下排泡 1~3 min。如果没有负压设备，可在减少固化剂用量的同时延长固化时间并静置排泡，待胶体静置 12～15 h 至完全固化后再取模。

一般情况下，软胶模具的厚度宜控制在 3～4 mm，其宽度应不大于巧克力配件宽度的 60 mm。

2. 用硅胶制作巧克力配件模具

参考用软胶制作巧克力配件模具的方法。

3. 用亚克力制作巧克力配件模具

亚克力是制作巧克力配件模具的最好材料，可制作个性化的巧克力配件。用亚克力制作巧克力配件模具的步骤如下。

（1）撕纸。亚克力板出厂之后都有一层保护纸，要将其撕掉。

（2）开料。确定模具的尺寸以免浪费材料，用开料机对亚克力板进行切割。

（3）雕刻。开料完成后，根据模具的形状对亚克力板进行初步雕刻，形成不同形状的图案。

（4）修边。经过开料、雕刻处理之后，亚克力板边缘较粗糙，所以要使用修边机对亚克力板进行修边处理。

（5）打孔。如有需求，可在亚克力板上进行打孔。

（6）抛光。抛光方式分为砂轮抛光、布轮抛光、火焰抛光等，可根据亚克力板厚度选择不同的抛光方式。

（7）热弯。热弯可以使亚克力板变成需要的形状。热弯分为局部热弯和整体热弯。

4. 用金属制作巧克力配件模具

金属模具一般由厂家提供定制服务。

制作软胶模具

操作准备

1. 设备工具

准备玻璃碗、硬塑板、母模、塑料积木、剪刀、搅板、尖角刀、棉布等。

2. 原料

准备软胶、固化剂等（软胶与固化剂的比例是 100∶2）。

操作步骤

步骤 1　准备擦干净的母模。

步骤 2　将软胶和固化剂用搅板搅拌均匀。

步骤 3　用塑料积木搭建外模。

步骤 4　将硬塑板拼接在外模内侧。

步骤 5　放入一块母模，灌注调制好的软胶液。

步骤 6　静置 12 h 至软胶液完全凝固，取出软胶块。

步骤 7　用尖角刀切开软胶块。
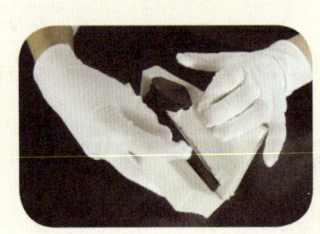

步骤 8　取出母模。

步骤 9　用剪刀修剪软胶模具的边角。

注意事项

1. 注意软胶与固化剂的比例

如果要求快速固化、快速脱模，就需要多加固化剂，但是固化剂的用量不能超过软胶的 5%。因为固化剂越多，固化速度越快，如果软胶液在未搅拌均匀的情况下就开始固化，则会浪费原料。

如果需要做灌注模，就必须少加固化剂，同时延长软胶液的固化时间，这样才能做出完美的模具，但是固化剂的用量过少会导致模具难以固化，因此一般固化剂的用量不能低于软胶的 1%。

2. 在调制的过程中要搅拌软胶液至均匀

未搅拌均匀的软胶液是无法完全固化的，如果软胶模具在 48 h 以内不能固化，就只能废弃了。

3. 应根据环境温度控制固化剂的添加比例

固化剂的添加比例应随环境温度不同而变化。一般而言，环境温度越高，固化时间越短，固化剂添加比例越低。例如，当环境温度为 10 ℃时，固化剂的添加比例不超过 5%；当环境温度为 25 ℃时，固化剂的添加比例为 2%～3%；当环境温度为 38～45 ℃时，固化剂的添加比例为 1%。

4. 拼接硬塑板时应确保无缝隙，以防止软胶液外溢

调制好的软胶液呈流动状态，必须保证硬塑板没有缝隙，否则软胶液会从缝隙渗出而造成浪费。

制作硅胶模具

操作准备

1. 设备工具

准备玻璃碗、硬塑板、母模、塑料积木、剪刀、搅板、尖角刀、棉布等。

2. 原料

准备硅胶、固化剂等（硅胶与固化剂的比例是 100∶2）。

操作步骤

步骤1 准备擦干净的母模。

步骤2 将硅胶和固化剂用搅板搅拌均匀。

步骤3 用塑料积木搭建外模。

步骤4 将硬塑板拼接在外模内侧。
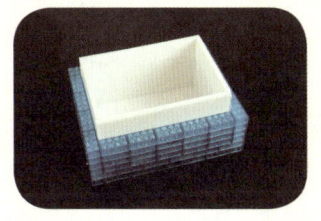

步骤5 放入母模，灌注调制好的硅胶液。

步骤6 静置 12 h 至硅胶液完全凝固，取出硅胶块。

步骤7 用尖角刀切开硅胶块，取出母模。

步骤8 用剪刀修剪硅胶模具的边角。

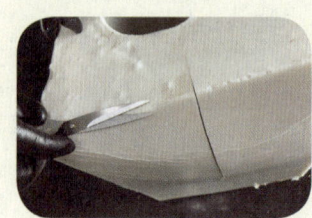

注意事项

参考软胶模具的制作注意事项。

培训单元 2　用模具制作巧克力配件

掌握用模具制作巧克力配件的方法
掌握不同种类巧克力在调温过程中的温度参数
能够用模具制作巧克力配件

一、用模具制作巧克力配件的方法

1. 灌注成型

灌注成型是指将调好温度的液态巧克力灌入模具中静置至完全凝固后脱模。

2. 冷塑成型

冷塑成型是指将调好温度的液态巧克力用裱花袋裱挤在胶片纸上，再用提前冰冻过的金属印模印出图案。

3. 切割成型

切割成型是指将调好温度的液态巧克力抹平在胶片纸上，再用金属切模切割出图案。

二、不同种类巧克力在调温过程中的温度参数（见表1-2）

表1-2　不同种类巧克力在调温过程中的温度参数　　　　　　　　℃

调温过程中的温度参数	巧克力种类		
	黑巧克力	牛奶巧克力	白巧克力
融化温度	50~55	45~50	45~50
冷却温度	27~28	26~27	25~26
调温温度	31~32	28~30	27~29
倒模成型的冷却温度	18~20		
储存温度	18~20		

技能要求

巧克力配件的灌注成型

操作准备

1. 设备工具

准备电磁炉、不锈钢盆、测温枪、大理石操作台、铲刀、搅板、玻璃碗、量杯、裱花袋、亚克力模具等。

2. 原料

准备固态巧克力。

操作步骤

步骤1　将固态巧克力隔水加热至50℃。

步骤2　在大理石操作台上用铲刀对液态巧克力进行调温。

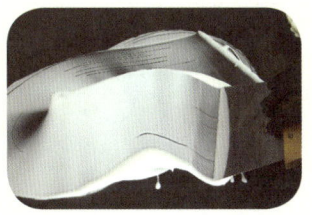

步骤3　将液态巧克力温度调至27℃左右。

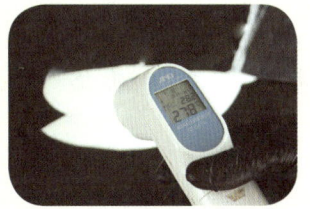

步骤4 将调好温度的液态巧克力用量杯装入裱花袋。

步骤5 将液态巧克力均匀地灌注到亚克力模具中。

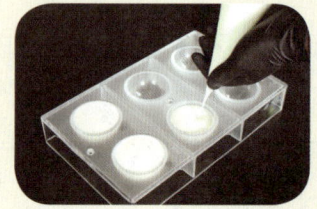

步骤6 使液态巧克力静置成型。

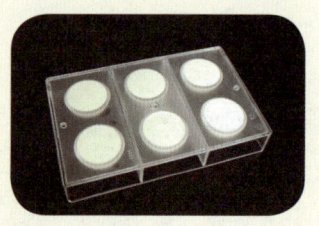

步骤7 脱模。

注意事项

1. 融化巧克力时不能使其与水直接接触

巧克力融化时如果接触了水，巧克力中的糖、可可粉会吸收水分形成颗粒，而巧克力中的可可脂与水又不相融，因此巧克力会"出油"，影响成品品质。

2. 液态巧克力需要静置至完全凝固时才能脱模

只有等到液态巧克力完全凝固时，其内部的分子才最稳定，这时脱模得到的巧克力配件具有较好的光泽度。

巧克力配件的冷塑成型

操作准备

1. 设备工具

准备电磁炉、不锈钢盆、冷冻柜、测温枪、大理石操作台、铲刀、搅板、玻璃碗、量杯、裱花袋、胶片纸、金属印模等。

2. 原料

准备固态巧克力。

操作步骤

步骤1　将固态巧克力隔水加热至50℃。

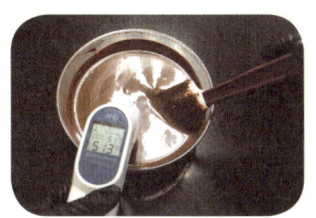

步骤2　在大理石操作台上用铲刀对液态巧克力进行调温。

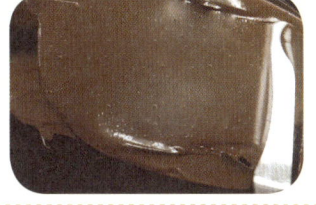

步骤3　当液态巧克力温度调至28℃左右时,将其装入裱花袋。

步骤4　在胶片纸上将液态巧克力裱挤出形状(以圆形为例)。

步骤5　将提前冷冻过的金属印模按压在圆形巧克力上。

步骤6　提起金属印模,完成巧克力配件的冷塑成型。

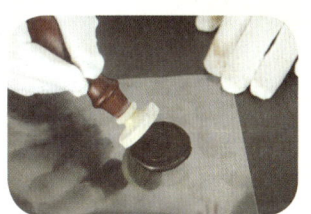

巧克力配件的切割成型

操作准备

1. 设备工具

准备电磁炉、不锈钢盆、测温枪、大理石操作台、铲刀、抹刀、搅板、玻璃碗、胶片纸、圆圈切模等。

2. 原料

准备固态巧克力。

操作步骤

步骤1　将固态巧克力隔水加热至50℃。

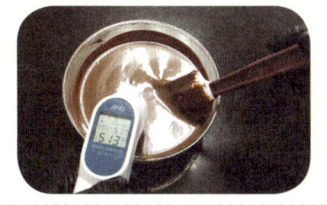

步骤2　在大理石操作台上用铲刀对液态巧克力进行调温。

步骤3　当液态巧克力温度调至28℃左右时,将其装入玻璃碗中。

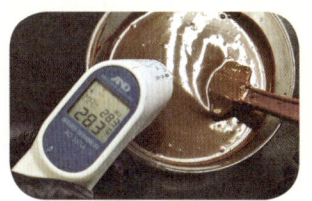

步骤4 将液态巧克力倒在胶片纸上。	步骤5 用抹刀将巧克力抹平、抹匀。	步骤6 在巧克力刚凝固成片时，用圆圈切模切出配件的轮廓。

步骤7 待巧克力完全凝固后将胶片纸撕下。	步骤8 轻轻地抠出圆形巧克力配件。	

培训单元3　巧克力配件的组合

了解巧克力艺术造型作品的设计要求
掌握巧克力配件的组合方法和注意事项
能够组合巧克力配件

巧克力艺术造型作品一般是指在各类巧克力比赛中由参赛选手发挥创意而制作的一类巧克力组合件作品。对于巧克力艺术造型作品的制作者而言，想象力和创造力是非常重要的。

一、巧克力艺术造型作品的设计要求

1. 中心思想

一件好的巧克力艺术造型作品之所以有较高的艺术魅力和生命力,是因为制作者能捕捉到自然界的美好瞬间并进行有创意的艺术加工。一件好的巧克力艺术造型作品既不是对自然美的复制,也不是对他人作品的模仿,而是经过制作者精心设计,具有独特个性和表现力的作品。

2. 基本结构

(1)水平结构。设计水平结构作品时强调横向延伸,其中间部分往往稍微隆起,而左右两端一般为优雅的曲线形设计。水平结构作品的最大特点是能从任意角度进行欣赏。

(2)三角结构。三角结构作品分为正三角形作品、等腰三角形作品和不等边三角形作品,其外形简洁、平稳,给人以均衡、稳定、庄重的感觉。三角结构作品多用在庆典、开业等隆重场合,在视觉上给人以豪华、气派的感觉。

(3)垂直结构。垂直结构作品给人以向上伸延的空间感,适合放置在高而窄的空间。

3. 食材特点

巧克力艺术造型作品以巧克力为主料,因其具有凝固性和流动性,所以巧克力艺术造型作品可以设计得复杂些,以提高观赏性。注意,在制作巧克力艺术造型作品时不能使用非食用材料,如金属、塑料、纸张等。

二、巧克力配件的组合方法

1. 打磨法

打磨法是指先在巧克力配件的粘接处打磨纹路,再适量涂抹调好温度的液态巧克力,最后进行粘接。经过打磨的配件在粘接后会更加牢固。

2. 榫卯法

榫卯法是指先将两个巧克力配件的凹凸部位相结合,再使用调好温度的液态巧克力进行粘接的方法。若榫卯法使用得当,巧克力配件之间就能严密结合。该方法在西式面点制作中融入了中国古代匠人的技艺。

三、巧克力配件的组合注意事项

1. 使用雕塑刀时要戴好手套,保护双手。

2. 在室内操作时,环境温度宜保持为 22 ℃,这是制作巧克力组合件的最理想环境温度。环境温度偏高会使液态巧克力在短时间内不能凝固;环境温度偏低会加速液态巧克力的凝固,不利于操作。

3. 操作时环境湿度(相对湿度)宜控制在 55% 左右。环境湿度过高会影响成品品质。

4. 必须按预先准备好的设计图进行组合。

5. 粘接巧克力配件时应用巧克力或其他可食用材料。

6. 在各巧克力配件上色后、组合前,应再次确认巧克力配件的数量、形状和颜色,以保证巧克力配件的组合准确性。

7. 一般会使用刀具等对巧克力配件的线条弧度、内孔大小等进行细加工,以得到"严丝合缝"的组合效果。

8. 在粘接巧克力配件时,可喷少量巧克力急速冷冻剂,使粘接处迅速冷却、瞬间定型。

9. 巧克力配件组合完成后并不一定呈现最完美的效果,一般还要对其进行修整。在修整过程中一般先借助喷火枪等工具取下已经定型的配件,待修整后再重新粘接。

10. 在组合过程中要考虑作品完成后的移动性,因为在工位上将巧克力配件组合完成后,一般都要将其移动至合适的区域进行展示。

技能要求

制作巧克力艺术造型作品——猎豹与菊花

操作准备

1. 设备工具

准备电磁炉、不锈钢盆、雕塑刀、尖角刀、抹刀、搅板、毛刷、巧克力急速冷冻剂、喷枪、空气压缩机、裱花袋、白纸、铅笔、橡皮、软胶模具、亚克力模具、胶片纸等。

2. 原料

准备白巧克力、黑巧克力和食用色素。

操作步骤

步骤1　在白纸上用铅笔绘制设计图。

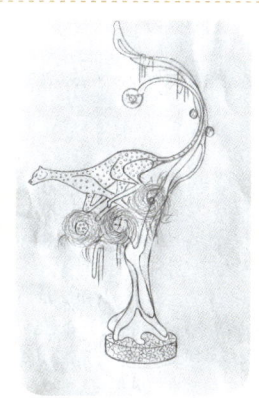

步骤2　制作猎豹巧克力组合件。

（1）用软胶模具灌制猎豹巧克力配件，并用刀具对各配件进行修整、打磨。

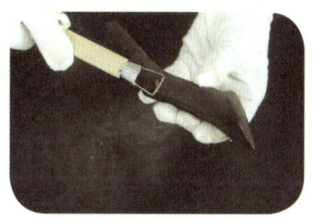 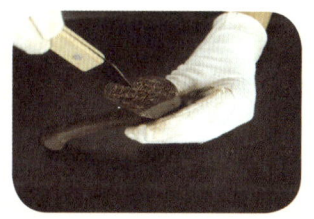

（2）用调好温度的液态黑巧克力粘接猎豹巧克力配件，可用雕塑刀在配件接口部位刻出凹面以便于粘接。

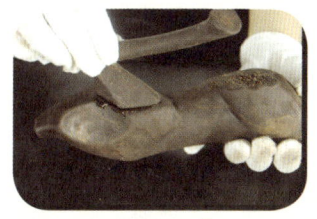 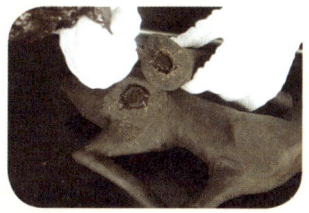 

步骤3　制作花朵巧克力配件。

（1）用亚克力模具灌制半球形巧克力配件，取3块粘接成花心巧克力配件。

 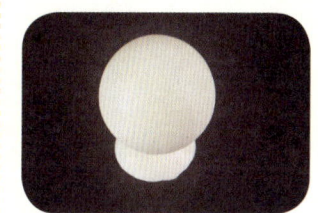

（2）将调好温度的液态白巧克力均匀地涂抹在胶片纸上，用尖角刀划出三角形花瓣图案；将划好图案的巧克力连同胶片纸一起卷出需要的弧度，待巧克力片完全凝固后撕掉胶片纸，取出花瓣巧克力配件。

  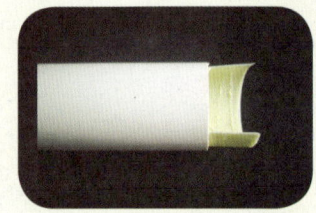

（3）将花瓣巧克力配件与花心巧克力配件进行粘接，并进行喷色。

  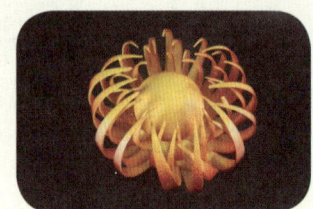

步骤4　制作豹头巧克力配件。

将调好温度的金色液态巧克力用裱花袋装好，在胶片纸上挤出2个豹头图案。

 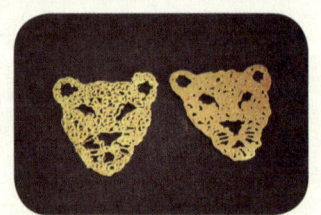

步骤5　制作叶片巧克力配件。

（1）用毛刷在胶片纸上均匀地刷上一层彩色巧克力。

（2）将调好温度的液态黑巧克力均匀地涂抹在刷好彩色巧克力的胶片纸上，用尖角刀在巧克力上划出叶片图案，把巧克力连同胶片纸一起卷出需要的弧度。

 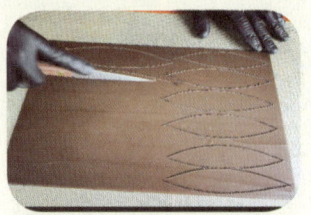 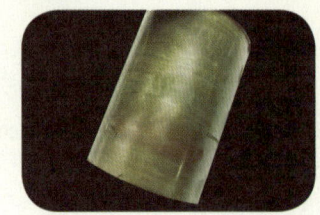

（3）待巧克力完全凝固后撕掉胶片纸，取出叶片巧克力配件。

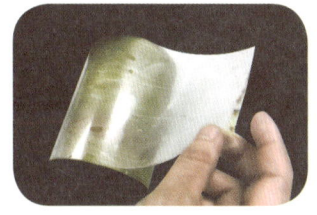  

步骤6　将各巧克力配件组合起来并进行喷色。

 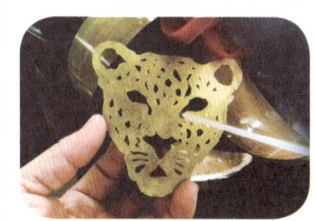

步骤7　完成制作。

注意事项

1. 巧克力的使用温度宜保持为28 ℃左右。
2. 实际作品是按照设计图等比例制作的。

培训项目 2　巧克力装饰

培训单元 1　用喷、描、涂的手法装饰巧克力

掌握喷、描、涂的巧克力装饰手法

能够对巧克力艺术造型作品进行喷色装饰

一、喷、描、涂的巧克力装饰方法

1. 喷

喷是指将巧克力、可可脂、食用色粉等加热融化后装入喷枪，喷在需要上色的部位。

2. 描

描是指用裱花袋装适量调好温度的液态巧克力，用裱挤的手法描绘出图案。

3. 涂

涂是指用工具蘸取彩色液态巧克力对作品进行装饰性涂抹。

二、喷、描、涂的巧克力装饰注意事项

1. 注意巧克力的操作温度

喷色用液态巧克力的温度宜保持为 27 ℃，目的是确保喷色后彩色巧克力涂层能快速凝固，便于喷绘下一种颜色；用来描和涂的液态巧克力温度宜保持为 29 ℃，目的是确保制作者有足够的操作时间。

2. 注意调配比例

（1）喷色用液态巧克力与可可脂的调配比例是 10∶1。固态巧克力融化后非常黏稠，为了保证喷枪正常工作，需要加入一定量的可可脂起稀释作用。

（2）喷色用液态巧克力与食用色粉的调配比例是 100∶5。按照这个调配比例，可以在不过多使用食用色粉的情况下调配出理想的颜色。

技能要求

对巧克力艺术造型作品进行喷色装饰

操作准备

1. 设备工具

准备大理石操作台、巧克力急速冷冻剂、电磁炉、玻璃碗、不锈钢盆、雕塑刀、搅板、均质机、喷枪、空气压缩机等。

2. 原料

准备巧克力、可可脂、食用色粉（油溶性）等。

操作步骤

步骤 1　调配。

将融化的巧克力、可可脂与食用色粉（油溶性）按 100∶10∶5 的比例倒入量杯中，用均质机将三种原料搅匀。

步骤 2　将调制好的喷料放入喷枪中进行喷色。

（1）对主体进行喷色。

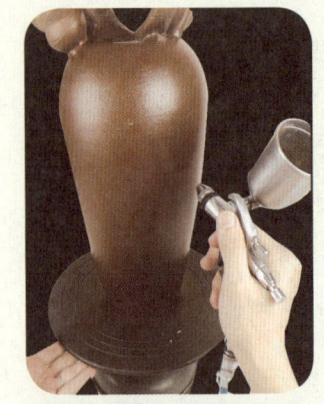

（2）对配件进行喷色。

步骤 3　借助巧克力急速冷冻剂将配件粘接到主体上。

步骤 4　完成制作。

注意事项

1. 调制喷料时，注意巧克力与食用色粉的调配比例。食用色粉用量过多会使喷料变浓稠，食用色粉用量过少则无法获得理想的颜色。

2. 操作时的环境温度宜保持为 23 ℃左右，环境湿度宜保持为 55% 左右。保持一定的环境温度有利于制作者操作，控制环境湿度可以保证作品的品质。

3. 巧克力的使用温度宜保持为 28 ℃左右。

培训单元 2　用捏塑的手法装饰巧克力

掌握捏塑的种类和注意事项
了解艺术造型的美学知识
能够捏塑巧克力糖团作品

一、捏塑的种类和注意事项

1. 手工塑形

手工塑形是指用双手捏塑出不同形状的巧克力糖团作品。手工塑形的注意事项如下：操作时的环境温度宜保持为 25 ℃左右，环境湿度宜小于 55%；操作前要用消毒酒精对手部进行清洁、消毒；操作时可将玉米淀粉用作撒手粉；捏塑好的巧克力糖团不能放在温度高于 28 ℃的地方；捏塑的动作要干净利落，防止巧克力糖团融化。

2. 工具塑形

工具塑形是指用工具将巧克力糖团塑造成各种形状。工具塑形的注意事项与手工塑形类似。

二、艺术造型的美学知识

1. 美学原理

美的事物能让人心情愉悦，因为美源自生活，而人总是热爱生活的。

（1）美学的研究对象

1）美的本体部分。美的本体部分是以美的本质为中心而展开的对美的内容与形式的关系及规律的表现。

2）美感。美感就是审美经验，是指从心理学角度描述审美过程及其本质和特殊规律，分析审美意识。

3）艺术。在美学上，一般把艺术作为审美标准。

美的本体部分、美感和艺术构成了美学的完整体系。美的本体部分是基础，美感是中介，艺术是美感的深化和扩展。

（2）美的形态。美的形态主要表现为自然美、社会美和艺术美。

1）自然美。自然美是指具有审美价值的自然事物的美，是自然界原有的感性形式的美。例如，日月星辰、山水花鸟等自然景观都属于自然美的范畴。自然美可以分为未经人类加工改造的自然美和经过人类加工改造的自然美。自然美侧重于形式美并具有象征性、多变性的特征。

2）社会美。社会美是指社会事物、社会现象和社会生活中的美。社会美来源于人类的社会实践。人类的社会实践既是改造自然的生产活动，又是改造社会的社会活动，因而创造出社会美。

3）艺术美。艺术美是指艺术家按照一定的审美理想、审美观念、审美情趣，对现实生活中的自然事物和社会事物进行选择、集中、概括，通过一定的物质材料和艺术技巧将头脑中所形成的审美意象物化出来的美。

2. 食品美学

食品的第一视觉是外观，外观美作为审美主体而存在，因此食品的装饰制作过程实际上是一个创造"美"的过程。对食品色、形的审美感受是以视觉感觉为基础的第一感觉，而食品的香气、味道和质感才是食品带给人的更重要的感觉。因此，食品美学离不开可食用性原则，没有可食用性，食品美学就失去了意义和价值。

食品造型艺术有别于传统的工艺美术，应遵循简洁、美观和因材（原料）制宜的原则。食品造型有多种形式，可依托模具形成，在这之前一般都有一个构图、设计的过程。要想提高食品造型的制作技巧，关键在于平时多观察、多学习、多思考、多积累。

巧克力糖团的捏塑

操作准备

1. 设备工具

准备大理石操作台、电磁炉、不锈钢盆、搅板、铲刀、竹签、模具、测温枪、硅胶手套等。

2. 原料

项目	原料名称	烘焙百分比
糖团	牛奶巧克力	100%
	葡萄糖浆	40%
	食用色粉	少量

操作步骤

步骤 1　巧克力糖团的调制和染色。

（1）将牛奶巧克力隔水融化，将葡萄糖浆加热，当两者温度均达到 32 ℃时，将其混合、搅拌均匀。

（2）待巧克力糖团冷却后将其平摊在大理石操作台上，用手揉搓成团。

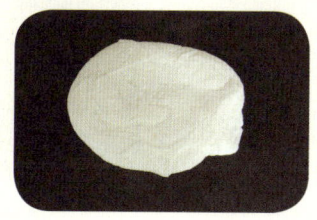
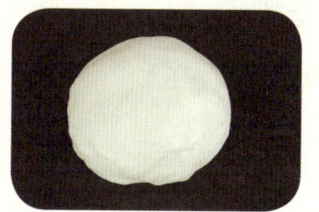

（3）取一小块巧克力糖团，加入少量的食用色粉，揉搓均匀（根据需要制作不同颜色的巧克力糖团）。

 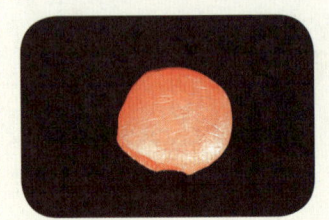

步骤2　蘑菇的手工塑形。

（1）制作蘑菇盖。

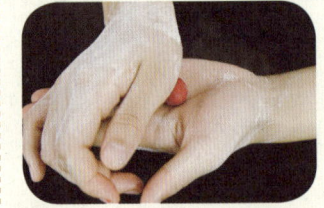 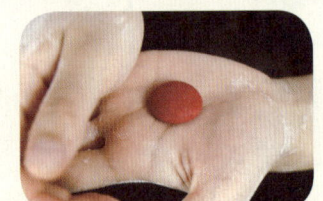

（2）制作蘑菇柄。

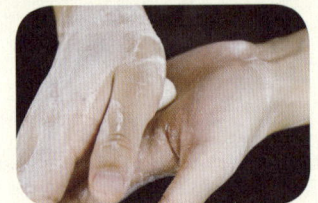 

（3）连接蘑菇盖和蘑菇柄。

（4）制作蘑菇花纹。

步骤3　小熊的手工塑形。

（1）准备小熊身体部件。

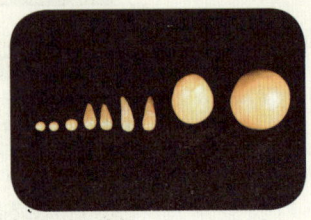

（2）连接四肢、头部和身体。

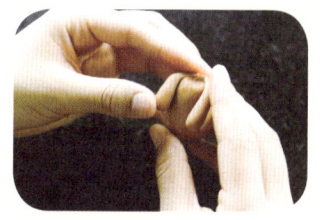 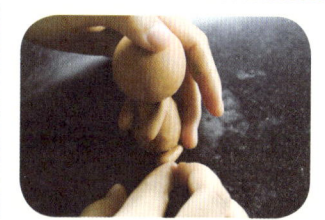

（3）制作耳朵、眼睛、鼻子、嘴巴。

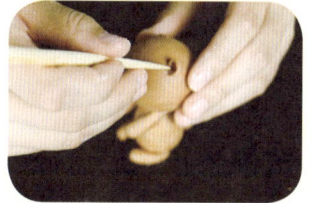 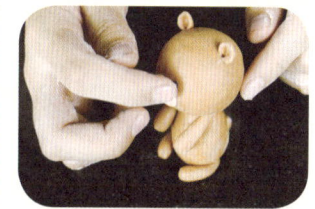

（4）制作心形装饰件。

步骤4　花朵的工具塑形。

（1）取适量巧克力糖团压入模具，用刮板去除多余部分。

 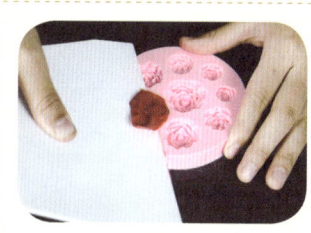

（2）脱模。

职业模块 2
糖艺制品的制作

内容结构图

培训项目 1 糖浆和糖体的制作

培训单元 1　按糖浆的配方配料

熟悉糖艺制品的艺术性和用途
了解糖艺制品的原料

一、糖艺制品的艺术性和用途

1. 糖艺制品的艺术性

糖艺制品是指将砂糖、糖醇、葡萄糖浆、水等熬制成糖浆,再经拉糖、吹糖、灌糖等成型方法的加工处理,制作出的具有观赏性、艺术性和可食用性的独立食品或食品装饰件,简称糖艺。糖艺制品颜色丰富、质感剔透、立体感强,是西点行业中最奢华的展示品和装饰品。

糖艺制品的最终造型应体现制作者的巧妙创意和合理设计,没有巧妙创意和合理设计,即使糖艺制品配件再好,将其组合后也无法形成一件完美的糖艺作品。

2. 糖艺制品的用途

糖艺项目是国际大型西点比赛的必赛项目,如世界技能大赛"西点/糖艺制作"项目中，糖艺制作属于最重要的比赛模块。

中国传统的糖艺制品俗称"糖人儿"（见图2-1），是指将糖稀吹成的人物、鸟兽等，可以玩，也可以吃。"糖人儿"一般为焦糖色，在常温下为块状，敲碎之后要慢慢加热，然后快速做出造型。制作"糖人儿"的师傅都有自己独到的配方和熬制方法，他们只使用简单的土锅、土灶，整个制作过程全凭经验。

图2-1 "糖人儿"

二、糖艺制品的原料

1. 糖源

糖源的选择十分重要，是糖艺制作的基础。目前，常用的糖源有砂糖、糖醇、葡萄糖浆等，每种糖源都有不同的理化指标。

（1）砂糖。砂糖是从甘蔗或甜菜根部提取、制得的结晶颗粒较大、像砂粒的糖。砂糖的主要成分是蔗糖，占其重量的99%以上。砂糖分为赤砂糖和白砂糖两种。在食品工业中，应用最广泛的是白砂糖。

按照国家标准《白砂糖》（GB/T 317—2018），白砂糖分为精制、优级、一级和二级共四个级别。白砂糖品质越高，熬制的糖浆越纯正。在25 ℃时，白砂糖的吸湿点[①]为85%～86%；在30 ℃时，白砂糖的吸湿点为75%。因此，在正常条件下，白砂糖储存环境的相对湿度不应超过其吸湿点。

---

① 吸湿点是指产品在一定温度和压力下开始吸湿的相对湿度。

 **相关链接**

蔗糖的理化性质

蔗糖是一种由葡萄糖和果糖构成的双糖。蔗糖无还原性,但是在一定条件下,蔗糖可分解为具有还原性的葡萄糖和果糖。这一点在砂糖的使用上有重要意义。蔗糖水溶液在氢离子或转化酶的作用下可水解为等量的葡萄糖与果糖的混合物,称为转化糖浆。在生产工艺中,这种转化作用所产生的转化糖浆对糖制品的风味、质量和保存性能产生极大的影响。

蔗糖是无色透明的晶体。纯蔗糖晶体的吸湿性很小,当有杂质存在时,蔗糖晶体的吸湿性增大。砂糖在储存过程中往往会结块,这就是蔗糖的吸湿性造成的。另外,蔗糖的吸湿性还与温度有关。当蔗糖处于高温环境中或进行长时间加热时,其吸湿性会显著增大。在糖艺制品的制作过程中,应控制蔗糖的受热温度和受热时间。

蔗糖的熔点为 185~186 ℃。在熔点以下,蔗糖分解很慢;在熔点以上,蔗糖分解很快。如果将熔化的蔗糖继续加热,在 200 ℃时会有黑褐色物质生成,即焦糖。

蔗糖易溶于水,随着温度的升高其溶解度增大。准确掌握蔗糖的溶解性能在生产工艺中具有重要意义。另外,蔗糖的溶解度对糖艺制品的保存性能有一定影响。

蔗糖溶液的沸点随其浓度的不同而变化。蔗糖溶液浓度越高,其沸点越高,这种现象称为沸点升高。另外,蔗糖溶液的沸点还与液面气压有关,气压越大,沸点越高。根据工艺需要,工厂生产时可采取增压或减压的加热方式,但是手工制作糖艺制品时就没有必要采取这样的措施了。

(2)糖醇。单糖分子的醛基或酮羰基被还原成羟基,使糖转化为多元醇,也叫糖醇。糖醇虽然不是糖,但具有某些糖的属性。目前已开发出的糖醇有山梨糖醇、甘露糖醇、麦芽糖醇、乳糖醇、木糖醇、异麦芽糖醇等。糖醇的稳定性较好,不发生美拉德反应。糖醇属于低热值食品甜味剂,已成为受消费者欢迎的安全性食品之一。

常用的艾素糖的主要成分是异麦芽糖醇。异麦芽糖醇是白色无臭的结晶体，味甜（甜度约为蔗糖的 45%～65%），稍吸湿，易溶于水（在室温条件下，艾素糖在水中的溶解度低于蔗糖，升温后可接近蔗糖）。

（3）葡萄糖浆。葡萄糖浆是指以淀粉为原料在酶或酸的作用下产生的一种淀粉糖浆。葡萄糖浆的主要成分是葡萄糖、麦芽糖、麦芽三糖、麦芽四糖等。葡萄糖浆的甜味较淡，具有一定的黏度和保湿性。使用葡萄糖浆制作糖艺制品的优点如下：成本较低；甜味较淡，能改善糖体的风味；作为抗结晶剂，能很好地控制糖体的结晶状态；能保持糖体水分，增加糖体体积，使成品不易变形；能阻止或延缓糖体发烊和返砂，改善糖体质地，延长储存时间。

2. 水

日常生活中的水可分为软水和硬水。其中，溶有较多可溶性钙盐、镁盐和铁盐的水称为硬水。

不同地区的水质差别很大。水的选择至关重要，熬制糖浆时最好使用蒸馏水，其主要原因是使用蒸馏水就是使用同一标准的水，可以在熬制时发现不同糖源的微小差别，有助于科学地总结经验、不断地提高技艺。

3. 食用色素

食用色素又称着色剂，是赋予食品色泽和改善食品色泽的物质。着色剂分为天然着色剂和人工合成着色剂两大类。

按《食品安全国家标准　食品添加剂使用标准》（GB 2760—2014）的要求，在糕点、果酱、果冻等食品中使用着色剂是有最大使用量限制的。例如，糕点上彩装的苋菜红、胭脂红的最大使用量为 0.05 g/kg。

三、糖艺制品的配方

糖艺制品的配方是多种多样的，本书采用的是表 2-1 的配方，供读者参考。

表 2-1　糖艺制品的配方

项目	图示	原料名称	烘焙百分比
糖艺制品		白砂糖	100%
		葡萄糖浆	30%
		水	30%

培训单元 2　糖浆的熬制

了解糖浆的熬制设备
熟悉糖浆的熬制原理和熬制方法
掌握糖浆的熬制注意事项
能够熬制糖浆

一、糖浆的熬制设备

1. 电磁炉

熬制糖浆可用电磁炉。电磁炉是应用电磁感应原理对食品进行加热的设备。电磁炉表面是耐热的微晶玻璃面板或陶瓷面板，交流电通过面板下方的线圈产生磁场，磁场内的磁力线穿过铁锅、不锈钢锅等底部时产生涡流，令锅底迅速发热，达到加热锅内食品的目的。

电磁炉能精准地控制加热温度，在糖艺制作最重要的熬糖环节中起着重要作用。

用电磁炉熬制糖浆（简称熬糖）后要用软布做好清洁工作，防止糖浆残留。

2. 不锈钢锅

不锈钢锅中含有一定量的铬合金元素，能使钢材表面形成一层不溶解于某些介质的坚固的氧化薄膜（钝化膜），使钢材与外界介质隔离而不发生化学反应。

在糖艺制作的熬糖环节，建议使用不锈钢复底锅（见图 2-2），因为这种锅具有导热快、受热均匀、保温时间长、节能省时、耐用不煳底的优点。

3. 温度计

温度计是测温仪器的总称，可以准确地判断和测量温度。温度计主要有指针式温度计、数字式温度计、智能型温度计等。

熬糖时温度控制要求比较高，需要精确测量糖浆的温度，常用食品温度计（见图 2-3）进行测量。

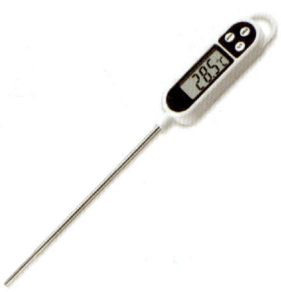

图 2-2　不锈钢复底锅　　　　图 2-3　食品温度计

二、糖浆的熬制原理和熬制方法

1. 熬制原理

在熬制初期,糖浆的含水量较高,要使糖浆达到形成糖体的浓度变成硬糖,就必须通过不断加热来去除糖浆中的绝大部分水。熬制糖浆的主要目的是使糖浆中的水分持续蒸发,直到糖浆浓缩至所需要的浓度。

2. 熬制方法

(1) 用白砂糖、葡萄糖浆熬制糖浆。将白砂糖、葡萄糖浆用不锈钢复底锅加热,边加热边搅拌均匀,待糖浆煮沸改小火保持糖浆的沸腾状态,当其温度达到 155 ℃时即完成熬制。

(2) 用艾素糖熬制。在不锈钢复底锅中加入 50% 的艾素糖,按艾素糖与水为 10∶1 的比例加入水,用电磁炉进行加热;当艾素糖溶化、沸腾后,再加入另外 50% 的艾素糖,继续熬制,当其温度达到 170 ℃时即完成熬制。

如果糖浆沸腾后有白色泡沫漂浮,则说明糖源中杂质较多,要及时用毛刷清理。清理时要准备一盆热水,将毛刷清洗干净。

三、糖浆的熬制注意事项

1. 熬制糖浆前必须保证不锈钢复底锅是干净的

熬制糖浆时,若不锈钢复底锅沾有油脂,则糖浆会煮不透且有气泡产生。

2. 合理控制熬制温度

温度过高,糖浆颜色变深,且形成的糖体过硬而难以进行操作;温度过低,形成的糖体硬度不够、支撑力不足。

3. 合理控制熬制时间

熬制时间不宜过长,否则糖浆容易熬焦。

技能要求

用白砂糖、葡萄糖浆熬制糖浆

操作准备

1. 设备工具

准备电磁炉、电子秤、量杯、盛器、不锈钢盆、不锈钢复底锅、不锈钢勺、毛刷、食品温度计等。

2. 原料

项目	原料名称	烘焙百分比
糖艺制品	白砂糖	100%
	葡萄糖浆	30%
	水	30%

操作步骤

步骤1 将水倒入不锈钢盆中，用电磁炉将水煮沸，备用。	步骤2 将白砂糖、葡萄糖浆倒入不锈钢复底锅中，用大火加热。	步骤3 边加热边用不锈钢勺搅拌均匀。

步骤4 将糖浆煮沸。	步骤5 调至小火，保持糖浆沸腾的状态。	步骤6 用毛刷贴着锅边去除糖浆中的杂质。

步骤7 将沾有杂质的毛刷放入热水中清洗,同时继续用小火使糖浆保持沸腾。

步骤8 用食品温度计测量糖浆的温度,当其温度达到155℃时即完成煮制。

注意事项

用白砂糖、葡萄糖浆熬制糖浆时,熬煮温度宜控制在150~160℃。

用艾素糖熬制糖浆

操作准备

1. 设备工具

准备电磁炉、电子秤、量杯、盛器、搅板、不锈钢复底锅、食品温度计等。

2. 原料

准备适量的艾素糖和水。

操作步骤

步骤1 在不锈钢复底锅中倒入50%的艾素糖,按艾素糖与水为10∶1的比例加入水,用电磁炉进行加热。

步骤2 当锅中的艾素糖溶化、沸腾后,再加入另外50%的艾素糖。

步骤3 将艾素糖糖浆熬煮至170℃左右,冷却,备用。

  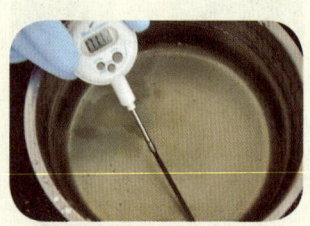

注意事项

1. 应分两次加艾素糖,因为一次的加糖量较大,熬制时糖浆易焦化。
2. 艾素糖的使用量应根据制品大小确定。

培训单元 3　糖浆的冷却和糖体的保存

了解温度对糖浆的影响
掌握糖浆的冷却方法和注意事项
掌握糖体的保存方法
能够冷却糖浆、保存糖体

一、糖浆的冷却

1. 常用工器具

（1）硅胶垫（见图 2-4）。硅胶垫是由柔软的食品级硅胶制成的，具有较好的热稳定性，可用于制作糖艺制品。

（2）硅胶手套（见图 2-5）。硅胶手套是指用硅胶制成的手套。在制作糖艺制品时戴硅胶手套是为了隔热、防粘连。

图 2-4　硅胶垫

图 2-5　硅胶手套

2. 温度对糖浆的影响

一般在 108～180 ℃的温度条件下熬煮糖浆。在这个温度范围内，糖浆会发生转化、分解、聚合等化学反应，特别是在熬糖后期，高温加速了各种化学反应。

当糖浆温度接近 150 ℃时，其中的气泡变得小而细密，此时，用食品温度计测量其温度时应搅拌几下再查看，因为糖浆内侧和外侧的温度有很大差异，而搅拌之后测量的温度是比较准确的。

3. 糖浆的冷却方法和注意事项

（1）停止加热。当糖浆温度达到 155 ℃时，立即停止加热，可将不锈钢复底锅转移到装有少量凉水的盆里放置 30 s，目的是迅速切断热源，确保温度准确。注意，不锈钢复底锅的吃水深度不宜太深，水能超过锅底即可。

（2）静置冷却。之后，将不锈钢复底锅移到干净的毛巾上静置 3~5 min，待糖浆变浓稠。注意，在倒出糖浆之前可将不锈钢复底锅再次放到电磁炉上加热几秒钟，待有气泡产生后将其缓慢倒出，目的是将糖浆全部倒出，减少浪费。

（3）倒出糖浆继续冷却。将熬好的糖浆倒在硅胶垫上，当糖体冷却至一定温度时，戴上硅胶手套将糖体从外向内卷起并不断翻动，加速糖体的冷却。

戴硅胶手套的作用如下：保持制品干净卫生，避免烫伤，防止手部的汗水（含有盐和水）与糖体产生化学反应而导致成品返砂。

二、糖体的保存

当糖体温度降低后，如果不是马上就使用，可将冷却后的糖体用真空包装机抽真空密封（或放入自封袋），再放阴凉干燥处保存，以防止糖体吸潮。

 **相关链接**

> 一、糖体的发烊
>
> 冷却后的糖体无保护地暴露在湿度较高的空气中，由于其本身具有吸湿性，因此糖体开始吸收空气中的水分，经过一段时间后，糖体表面开始发黏、变混浊，并失去原有的光泽，这种现象称为轻微发烊。
>
> 如果不加处理，糖体继续从空气中吸收水分，其表层黏度会迅速降低而失去原有的清晰轮廓，这种现象称为发烊。
>
> 二、糖体的返砂
>
> 糖体的返砂是指其组织中的糖类物质从无定形状态重新变为结晶状态的现象。一般情况下，发烊糖体表面的水分子具有扩散作用，随着环境湿度的降低，糖体表面的糖类分子失水而重新排列形成结晶体，即在糖体表面出现白色晶粒状的返砂层。返砂的糖体失去了原有的透明性和光滑性。返砂过程是由表及里持续进行的，直到糖体完全返砂为止。

职业模块 2　糖艺制品的制作

技能要求

糖浆的冷却及糖体的保存

操作准备

1. 设备工具

准备硬纸碗、竹签、硅胶垫、自封袋、硅胶手套等。

2. 原料

准备熬制好的糖浆、食用色素。

操作步骤

步骤1　对熬制好的糖浆进行调色。

步骤2　将糖浆倒在干净的硅胶垫上。

步骤3　戴好硅胶手套，待糖体温度降至可以翻动时将其翻成块状。

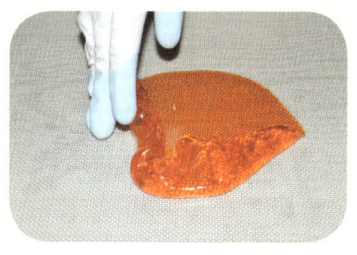

步骤4　糖体完全冷却后如不立即使用，可将其放入自封袋。

注意事项

环境湿度不宜过高，否则会导致糖体快速返砂而无法进一步操作。

39

培训项目 2　糖艺制品的成型

培训单元1　用工具制作单件糖艺制品

了解糖艺制品的种类
掌握常用工具的使用方法
能够用工具制作单件糖艺制品

一、糖艺制品的种类

1. 单件糖艺制品

单件糖艺制品有花卉（见图2-6）、果蔬、动物、器物等，可以仿照自然物品进行制作。

2. 组合糖艺制品

组合糖艺制品一般是按主题设计、构思的，制作时要将单件糖艺制品组合成整体，如图2-7所示。

二、常用工具

糖艺制作的常用工具主要有糖艺灯、喷火枪、酒精灯、吹风机等。

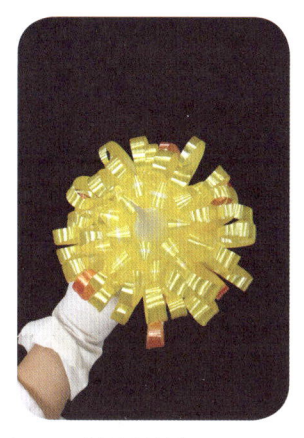
图2-6 单件糖艺制品——花卉

图2-7 组合糖艺制品

1. 糖艺灯

糖艺灯（见图2-8）是指利用恒温装置控制糖体温度的工具。在制作糖艺制品的过程中，可以将较硬的糖体放在糖艺灯上软化。有的糖艺灯可以分别控制上面加热灯和下面底座的温度，有的糖艺灯只能控制上面加热灯的温度。使用糖艺灯时要防止烫伤。

2. 喷火枪

喷火枪（见图2-9）是指利用气罐中的燃气（一般为丁烷）点火、加热的工具。喷火枪上有点火装置和调节出气量的旋钮。喷火枪一般搭配气罐使用。

图2-8 糖艺灯

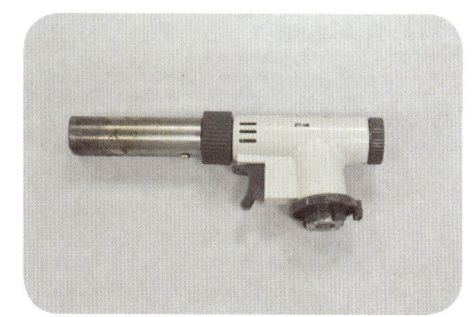
图2-9 喷火枪

3. 酒精灯

酒精灯（见图2-10）是以酒精为燃料的加热工具。酒精灯由灯体、灯芯管和灯帽组成。酒精灯的加热温度为400～500 ℃。理论上酒精灯的外焰温度最高，因为外焰与外界空气充分接触，燃烧时最易与外界环境进行能量交换，热量释放最多。

制作糖艺制品时需要进行吹糖、拉糖等操作，而酒精灯可以用来加热糖体尾部起收口作用。

4. 吹风机

使用吹风机（见图2-11）的作用是让成型的糖艺制品迅速降温、定型，一般使用的是不带升温功能的吹风机。

图2-10　酒精灯

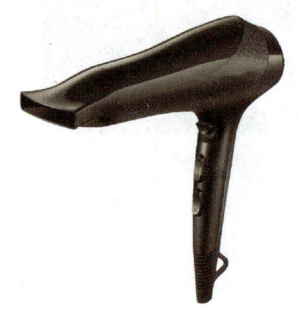

图2-11　吹风机

三、制作方法和注意事项

1. 制作方法

（1）灌制方法。准备模具，将熬好的糖浆灌入模具，待糖体冷却后进行脱模。

（2）压制方法。准备模具及糖体，将糖体放入模具，用手工压制成型。

2. 注意事项

（1）所用模具应干净无油脂。

（2）灌制和压制的糖艺制品在冷却脱模后要及时置于避光、干燥的环境中，否则糖艺制品表面会返砂。

用工具制作单件糖艺制品

操作准备

1. 设备工具

准备硬纸碗、竹签、硅胶垫、各类模具、硅胶手套、糖艺灯等。

2. 原料

准备适量的糖浆、食用色素。

操作步骤

步骤1 灌制单件糖艺制品。

（1）将调好颜色的糖浆注入模具。　　（2）将冷却后的糖体脱模。

步骤2 压制单件糖艺制品。

（1）将硬度适宜的糖体放在压模上。　　（2）压制成型。　　（3）脱模。

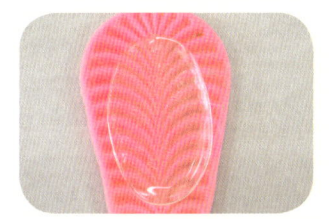  

注意事项

1. 灌制糖艺制品时一定要等糖体完全冷却后再脱模，否则糖体会变形。

2. 使用模具压制糖体时要注意糖体的硬度，糖体过硬会压不出纹路，糖体过软会粘在模具上难以脱模。

培训单元2　手工制作单件糖艺制品

培训重点

掌握吹制、拉制、捏制的方法

了解手工制作糖艺制品的注意事项

能够手工制作单件糖艺制品并进行上色、组合

一、手工制作单件糖艺制品的方法

1. 吹制

吹制是指将气囊连接金属铜管（气囊管），通过挤压气囊在柔软的糖体中充入空气，把糖体按需要制成各种空心的造型。吹制是糖艺制作的一项基本功，需要长期实践、积累经验。

2. 拉制

拉制是指用双手将糖体拉开的过程。拉制的作用有两个：一是降温；二是在糖体中充入适量空气，空气在糖体中被挤压使光线发生折射而让糖体产生光泽。拉制方法常用于制作花卉、丝带等糖艺制品。

3. 捏制

捏制是指用手指将糖体捏制成所需的造型。捏制方法常用于制作果蔬、动物、器物等糖艺制品。

二、手工制作单件糖艺制品的注意事项

1. 注意糖体温度

手工制作单件糖艺制品时需要先将糖体进行加热，加热时要反复翻动糖体，适宜做造型的糖体温度一般在 75 ℃左右（处于微软的状态）。

2. 注意安全

手工制作单件糖艺制品时要戴硅胶手套，有利于散热，同时可防止烫伤。

手工制作单件糖艺制品——玫瑰花

操作准备

1. 设备工具

准备糖艺灯、剪刀、喷火枪、气罐、硅胶垫、硅胶手套等。

2. 原料

准备足量的糖体（调好颜色）。

操作步骤

步骤1　将糖体放在糖艺灯上加热至软化。

步骤2　制作玫瑰花。

（1）将软化的红色糖体拉制成薄片。

 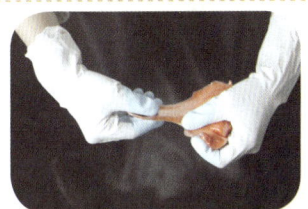

（2）取一小块薄片卷成花心，在其余薄片上剪出玫瑰花花瓣。

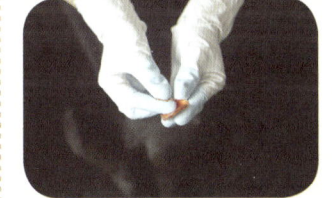 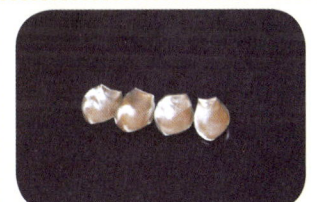

（3）用喷火枪加热玫瑰花花瓣，将其与花心粘接在一起。

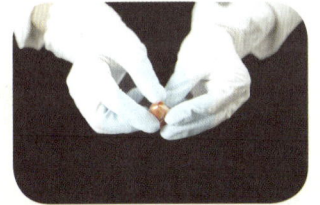 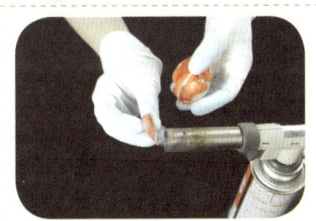

（4）继续制作外层玫瑰花瓣，用喷火枪加热后进行粘接。

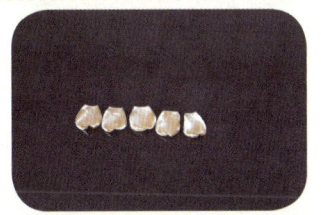 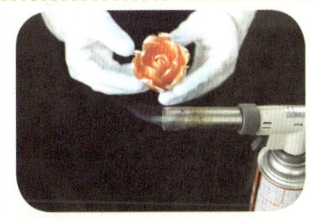

步骤3　制作叶片。

将软化的绿色糖体拉制成薄片，用剪刀剪成叶片状。

步骤4 粘接玫瑰花和叶片。

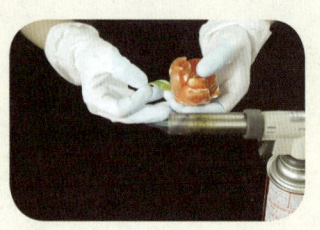

注意事项

1. 拉制花瓣和叶片时用力要均匀，使糖花颜色亮丽。
2. 制作玫瑰花时应保证花形准确、形态圆整、层次分明。

手工制作单件糖艺制品——丝带

操作准备

1. 设备工具

准备糖艺灯、剪刀、喷火枪、气罐、硅胶垫、硅胶手套等。

2. 原料

准备足量的糖体（调好颜色）。

操作步骤

步骤1 将糖体放在糖艺灯上加热软化。

步骤2 剪下三分之一的绿色糖体。

步骤3 剪下三分之一的白色糖体。

步骤4 分别将两块糖体搓成圆条状，再将其粘接成一体。

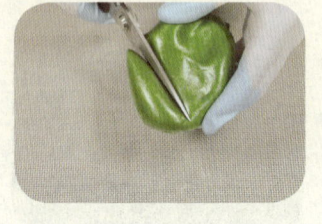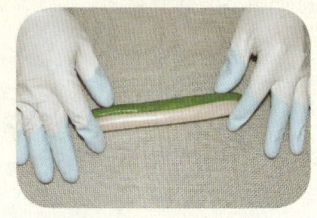

步骤5 将糖体对折并拉伸。

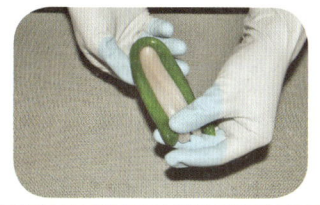

步骤6 将糖体再次对折并拉伸，使糖体变宽。

步骤7 将糖体第三次对折并拉伸。

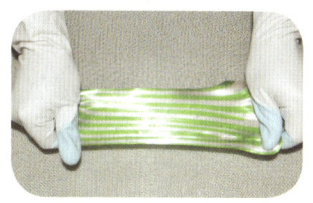

步骤8 当糖体被拉成窄条后，进行剪切。

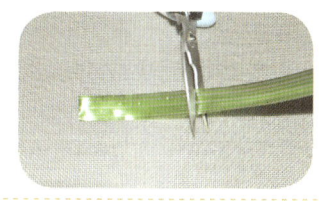

步骤9 将长条形糖体对折，制成丝带状制品。

注意事项

1. 拉制时动作应干净、利索，拉制时间过长会导致糖体变硬而无法成型。
2. 拉制时用力应均匀，防止糖体变形。
3. 拉制时应保持糖体温度均匀。

手工制作单件糖艺制品——藤条

操作准备

1. 设备工具

准备糖艺灯、剪刀、硅胶垫、硅胶手套等。

2. 原料

准备足量的糖体（调好颜色）。

操作步骤

步骤1 将糖体放在糖艺灯上加热软化，揪起一小块糖体将其拉长。

步骤2 将拉长的糖体进行剪切。

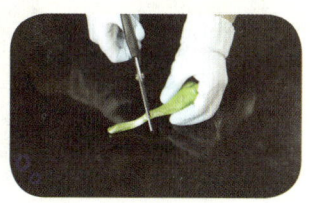

步骤3 继续将糖体拉长。

步骤4 将糖体弯曲使其成型。

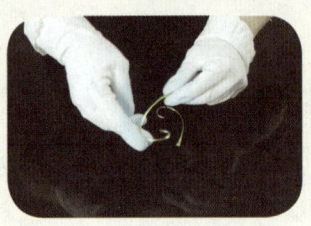

注意事项

1. 拉制时应保证糖体粗细均匀、线条流畅。
2. 拉制时动作应干净、利索，拉制时间过长会导致糖体变硬而无法成型。

单件糖艺制品的组合——玫瑰花、丝带和藤条的组合

操作准备

1. 设备工具

准备喷火枪、气罐、硅胶手套、餐盘等。

2. 原料

准备单件糖艺制品。

操作步骤

步骤1 用喷火枪加热底座。

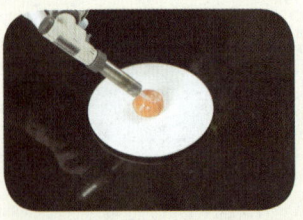

步骤2 将玫瑰花底部用喷火枪加热后粘接在底座上。

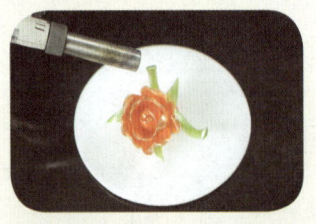

步骤3 将丝带用喷火枪加热后粘接在适宜的位置。

步骤4 粘接藤条。

步骤5 整理成型。

注意事项

1. 在粘接玫瑰花和丝带时，粘接位置应合理，以保证制品美观。
2. 进行粘接时动作应轻柔，以保持制品的完整性。
3. 制品组合完成后应注意存放环境的温度和湿度，防止制品受热、受潮变形。

手工制作单件糖艺制品——果盘

操作准备

1. 设备工具

准备糖艺灯、硅胶垫、硬纸碗、硅胶手套等。

2. 原料

准备适量的糖浆。

操作步骤

步骤1　将糖浆倒在硅胶垫上冷却，糖体应呈圆形。

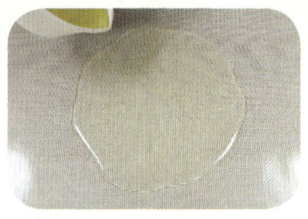

步骤2　将冷却后的圆形糖体放在糖艺灯上进行加热。

步骤3　待糖体硬度适宜时用手指捏出果盘边缘。

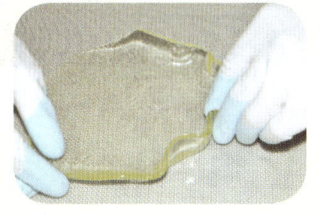

步骤4　整理成型。

注意事项

1. 捏制时应注意手指的力度，用力过大会导致制品变形。
2. 注意捏制速度。若捏制速度过慢，则制作时间过长，会导致糖体过硬而难以成型；若捏制速度过快，则制作时间过短，会导致糖体较软而易变形。

手工制作单件糖艺制品——苹果

操作准备

1. 设备工具

准备糖艺灯、剪刀、喷火枪、气罐、气囊、气囊管、硅胶手套、硅胶垫等。

2. 原料

准备适量的糖体。

操作步骤

步骤1　在糖艺灯上加热糖体使其软化，待硬度适宜后用剪刀剪下一块。

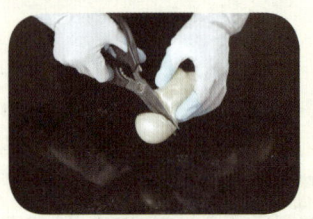

步骤2　将糖体捏成空心状。

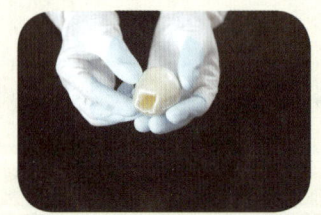

步骤3　用喷火枪加热气囊管。

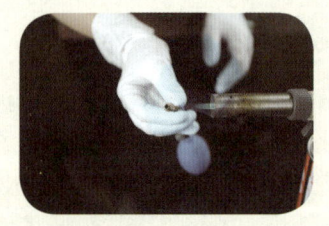

步骤4　用糖体包裹住气囊管。

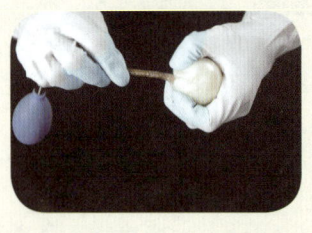

步骤5　将糖体吹成球形。

步骤6　将球形糖体捏制成苹果形。

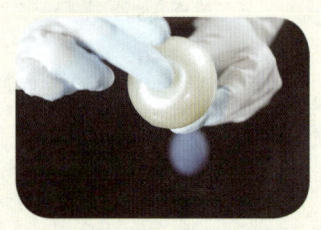

步骤7　加热苹果形糖体的底部。

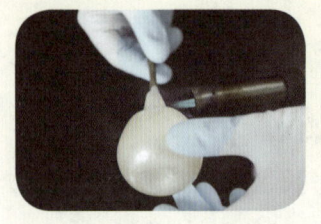

步骤8　待底部硬度适宜后进行剪切。

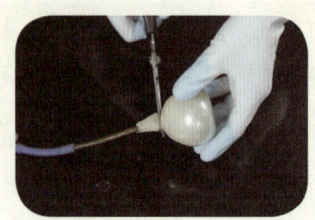

步骤9　将剪下的糖体拉制成长条状。

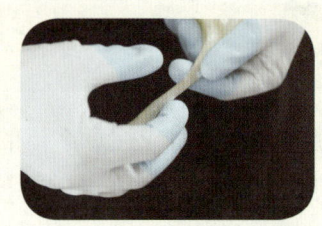

步骤 10 剪下一段长条状糖体作为苹果柄。	步骤 11 将苹果、苹果柄进行粘接。
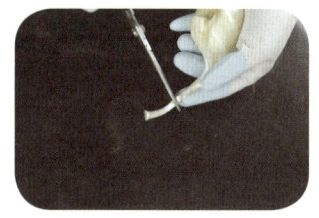	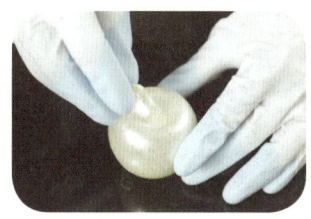

注意事项

1. 应对硬度适宜的糖体进行吹制。糖体过硬是无法吹制的，而糖体过软会导致制品形态不逼真。

2. 吹制时应用双手配合整形，双手动作应协调一致。

3. 吹制时如果糖体变硬，可将其放在糖艺灯上再次加热。

4. 吹制完成需要等糖体完全冷却后再进行粘接，否则制品会变形。

手工制作单件糖艺制品——梨

操作准备

1. 设备工具

准备糖艺灯、剪刀、喷火枪、气罐、气囊、气囊管、硅胶手套、硅胶垫等。

2. 原料

准备适量的糖体。

操作步骤

步骤1 在糖艺灯上加热糖体使其软化，待硬度适宜后用剪刀剪下一块。	步骤2 将糖体捏成空心状。	步骤3 用喷火枪加热气囊管。
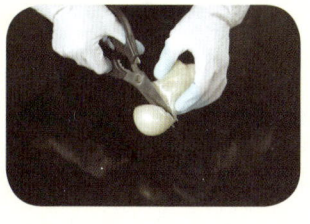	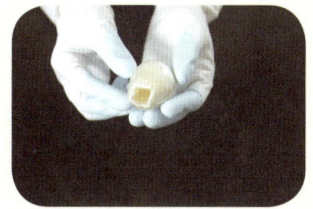	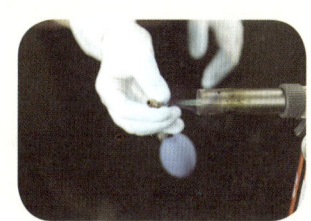

步骤4 用糖体包裹住气囊管。
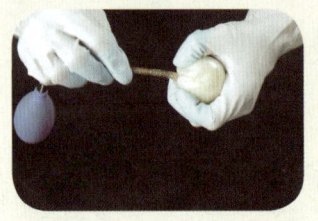

步骤5 将糖体吹成椭圆形。

步骤6 将椭圆形糖体捏制成梨形。

步骤7 加热梨形糖体的底部。
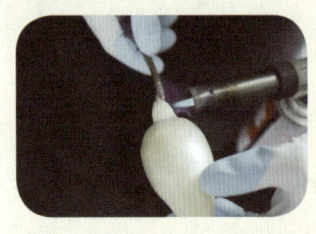

步骤8 待底部硬度适宜后进行剪切。
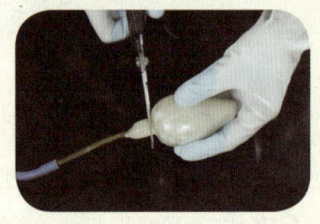

步骤9 将剪下的糖体拉制成长条状。
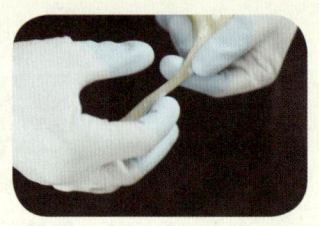

步骤10 剪下一段长条状糖体作为梨柄。
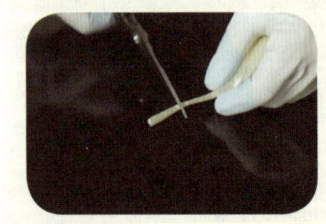

步骤11 将梨、梨柄进行粘接。
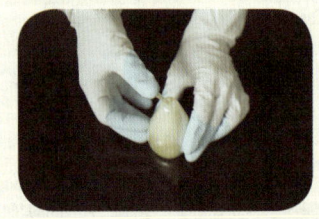

注意事项

参考"手工制作单件糖艺制品——苹果"的注意事项。

手工制作单件糖艺制品——香蕉

操作准备

1. 设备工具

准备糖艺灯、剪刀、喷火枪、气罐、气囊、气囊管、硅胶手套、硅胶垫等。

2. 原料

准备适量的糖体。

职业模块2　糖艺制品的制作

操作步骤

步骤1　在糖艺灯上加热糖体使其软化，待硬度适宜后用剪刀剪下一块。

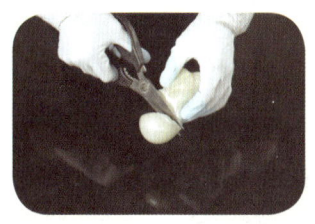

步骤2　将糖体捏成空心状。

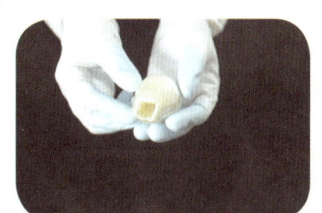

步骤3　用喷火枪加热气囊管。

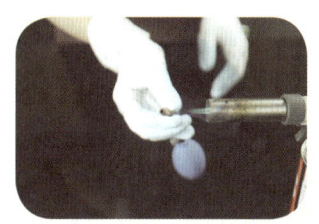

步骤4　用糖体包裹住气囊管。

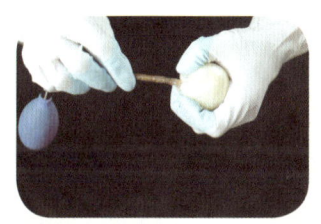

步骤5　将糖体吹成香肠形，用手捏出香蕉的形状。

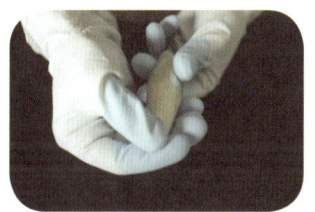

步骤6　用手在香蕉形糖体上捏出棱角。

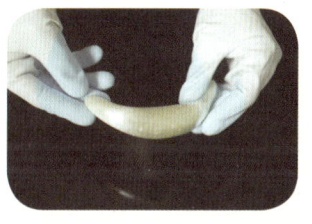

步骤7　加热香蕉形糖体的底部。

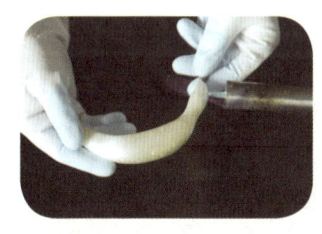

步骤8　待底部硬度适宜后进行剪切。

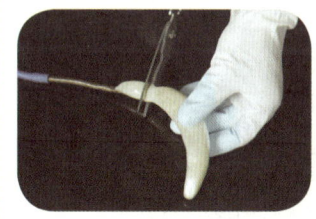

步骤9　捏制香蕉柄。

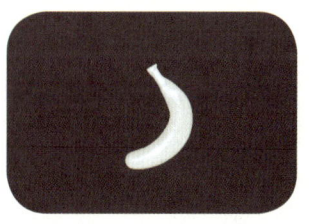

注意事项

参考"手工制作单件糖艺制品——苹果"的注意事项。

手工制作单件糖艺制品——桃

操作准备

1. 设备工具

准备糖艺灯、剪刀、喷火枪、气罐、气囊、气囊管、硅胶手套、硅胶垫等。

2. 原料

准备适量的糖体。

操作步骤

步骤1 在糖艺灯上加热糖体使其软化,待硬度适宜后用剪刀剪下一块。	步骤2 将糖体捏成空心状。	步骤3 用喷火枪加热气囊管。
	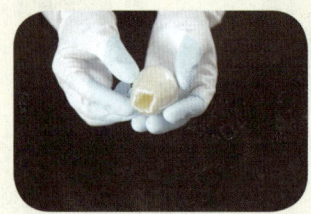	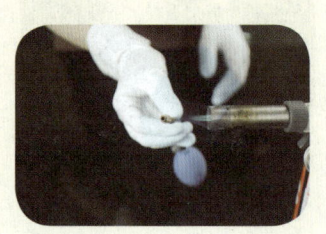
步骤4 用糖体包裹住气囊管。	步骤5 将糖体吹成球形。	步骤6 将球形糖体捏制成桃形。
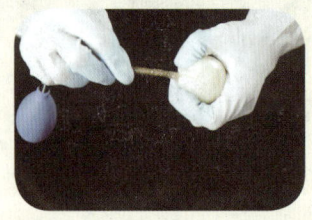	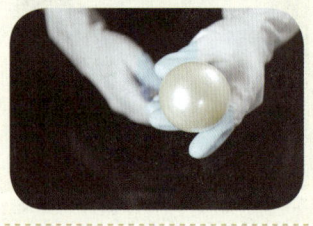	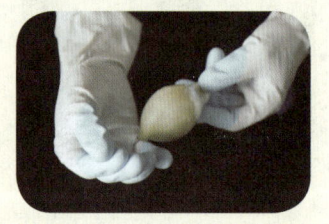
步骤7 用剪刀在桃形糖体的表面压制缝合线。	步骤8 加热桃形糖体的底部。	步骤9 待底部硬度适宜后进行剪切。
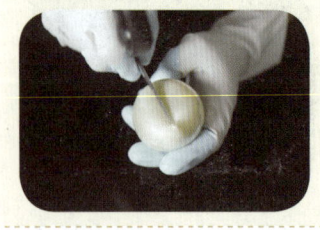	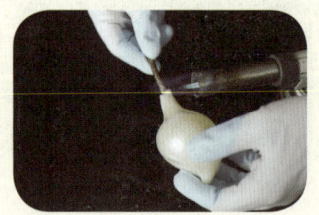	

注意事项

参考"手工制作单件糖艺制品——苹果"的注意事项。

对单件糖艺制品进行喷绘上色

操作准备

1. 设备工具

准备空气压缩机、喷枪、油纸、自封袋等。

2. 原料

准备单件糖艺制品、食用色素。

操作步骤

步骤1　对苹果进行上色。

步骤2　对桃进行上色。

步骤3　对香蕉进行上色。

步骤4　对梨进行上色。

注意事项

1. 在喷绘上色过程中应注意设备工具的使用安全。

2. 制品整体上色均匀即可，无须反复喷绘。

3. 喷绘上色的动作应干净、利索。

4. 食用色素的用量不宜过多，否则会使糖艺制品表面易受潮。

5. 制作好的单件糖艺制品应保存在自封袋中避热、避湿，待需要组合时再取出。

单件糖艺制品的组合——果盘

操作准备

1. 设备工具

准备餐盘、硅胶手套等。

2. 原料

准备单件糖艺制品。

操作步骤

步骤1 将苹果放在制作好的果盘上。	步骤2 将其他水果摆在苹果周围。	步骤3 组合完成。

注意事项

组合时应合理搭配各单件糖艺制品,使作品造型美观。

职业模块 3 糖艺造型作品的制作

内容结构图

糖艺造型作品的制作
- 糖艺配件的制作
  - 制作糖艺配件模具
  - 用模具制作糖艺配件
  - 手工制作糖艺配件
- 糖艺造型作品的组合
  - 糖艺造型作品的组合方法
  - 糖艺造型作品的整体装饰与保存

培训项目 1

糖艺配件的制作

培训单元 1　制作糖艺配件模具

了解不同材质制作的模具
掌握不同材质模具的使用方法
能够制作糖艺配件的模具

一、PVC 模具

PVC 是聚氯乙烯的英文缩写，聚氯乙烯是塑料的主要成分，它在塑料中的含量一般是 40%～100%。PVC 模具如图 3-1 所示。其中，PVC 软管易于弯折，经过

 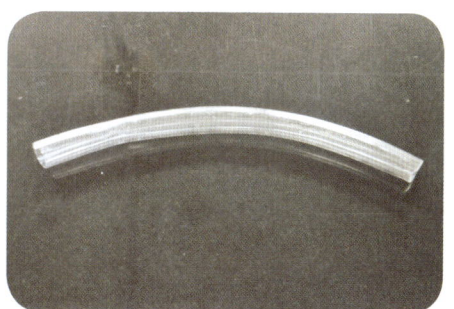

图 3-1　PVC 模具

简单加工后即可作为糖艺模具使用，在灌入糖浆后可将其弯曲成各种造型，特别适合制作支架、枝条等不规则的长条形糖艺制品。PVC模具表面光滑，由其制作的糖艺制品会有通透、光亮的效果。

二、硅胶模具

在制作硅胶模具的过程中会添加少量硅油（改善塑性和流动性），因为硅油会破坏硅胶的内部结构，所以硅胶模具会出现翻模次数少、不耐用等情况。各式各样的硅胶模具如图3-2所示。在做花纹复杂的小件糖艺制品时可以使用硅胶模具，但需要注意的是，由硅胶模具制作的糖艺制品表面可能有小气泡，会影响制品的美观。另外，硅胶模具不适宜多次反复使用，因此有必要多备几个相同的硅胶模具。

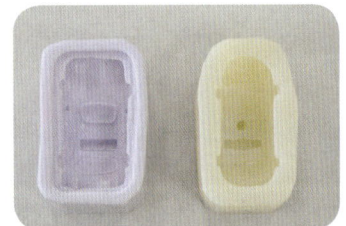  

图3-2　硅胶模具

三、金属模具

金属模具是指将金属薄片翻折成各种特殊造型的模具。自制金属模具常用可以弯折的金属软薄片完成，如图3-3所示，将糖浆直接倒入后冷却定型即可，这类模具适合制作造型不规则的糖艺制品。

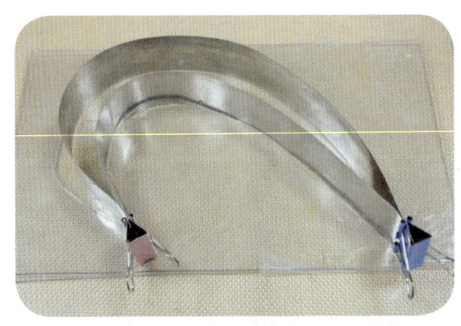

图3-3　自制金属模具

糖艺配件模具的制作

操作准备

准备白纸、铅笔、橡皮、美工刀、PVC软板等。

操作步骤

步骤1 绘制设计图。

步骤2 根据设计图在PVC软板上描出配件的轮廓。

步骤3 用美工刀切割PVC软板,制成糖艺配件模具。

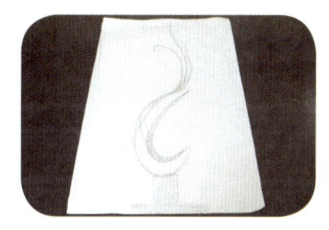

注意事项

模具材料的安全性非常重要,有些材料会含一些毒素,所以要确保制作模具的材料无毒无害。

培训单元2 用模具制作糖艺配件

熟悉在模具中浇注糖浆时的温度控制注意事项

能够用模具制作糖艺配件

一、模具的普及

使用模具制作糖艺配件是非常方便的。随着食品行业的发展,现在可选用的糖艺模具越来越多。常用糖艺模具制作树叶、花瓣、动物、人物等糖艺配件,效果逼真。

二、糖艺配件的制作注意事项

1. 糖浆熬制好后应立刻调色。
2. 在浇注糖浆时,一般将其温度控制在 140～150 ℃,这个温度范围内的糖浆流动性较好,适合注入模具,且注入模具后糖浆中的气泡量最少。
3. 灌模时应确保模具干净无油脂,否则糖体会不通透。
4. 糖艺配件冷却完成后应立刻放入自封袋保存,防止其受潮返砂。

纯色底座的制作

操作准备

1. 设备工具

准备竹签、硬纸碗、硅胶模具、喷火枪、气罐、硅胶垫、硅胶手套、自封袋等。

2. 原料

准备糖浆、食用色素。

操作步骤

步骤1 将硅胶模具平整地放置在硅胶垫上。

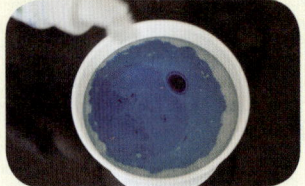

步骤2 对糖浆进行调色,用竹签搅拌均匀。

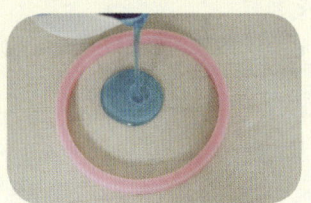

步骤3 将调好色的糖浆缓慢地倒入模具。

步骤4 使用喷火枪烧掉糖浆表面的气泡。

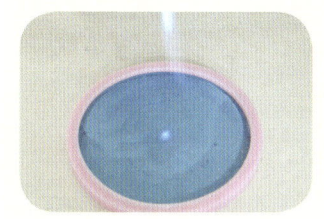

步骤5 待糖体冷却定型后进行脱模。

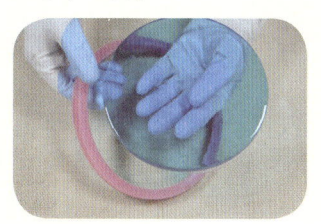

鹅卵石底座的制作

操作准备

1. 设备工具

准备竹签、硬纸碗、硅胶模具、喷火枪、气罐、硅胶垫、剪刀、硅胶手套、自封袋等。

2. 原料

准备糖浆、食用色素。

操作步骤

步骤1 将硅胶模具平整地放置在硅胶垫上。

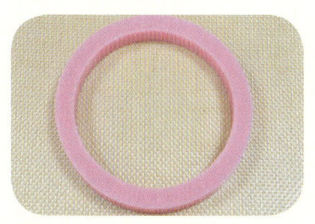

步骤2 对糖浆进行调色，用竹签搅拌均匀。

步骤3 将调好色的糖浆倒在硅胶垫上进行冷却。

步骤4 将两种彩色糖体拉长后与白色糖体进行混合。

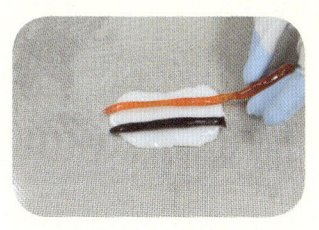

步骤5 将混合的糖体揉搓成粗长条。

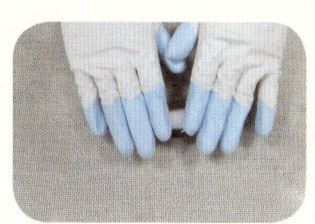

步骤6 将粗长条糖体对折。

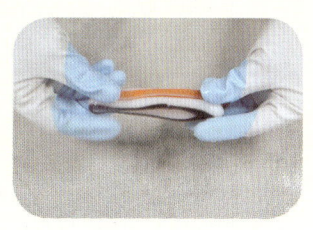

步骤7 用剪刀将糖体剪成小块,并揉成鹅卵石状。

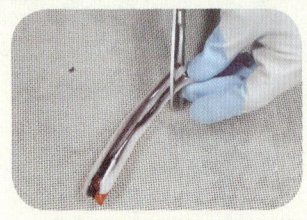  

步骤8 待鹅卵石配件冷却后将其摆放在模具中间。 　步骤9 将无色糖浆缓慢地倒入模具中。 　步骤10 待糖体冷却定型后进行脱模。

  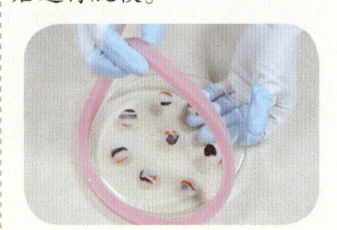

注意事项

注入模具的无色糖浆温度宜控制在130 ℃左右,否则其温度过高会导致鹅卵石配件融化,影响美观。

彩色底座的制作

操作准备

1. 设备工具

准备竹签、硬纸碗、硅胶模具、喷火枪、气罐、硅胶垫、剪刀、硅胶手套、自封袋等。

2. 原料

准备糖浆、食用色素。

操作步骤

步骤1 将硅胶模具平整地放置在硅胶垫上。 　步骤2 对糖浆进行调色,用竹签搅拌均匀。 　步骤3 将调好色的糖浆倒在硅胶垫上进行冷却。

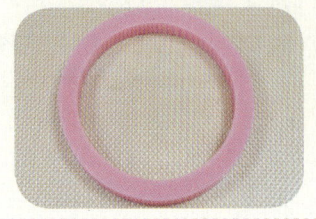  

步骤 4　分别制作白色、蓝色的长条状糖体。

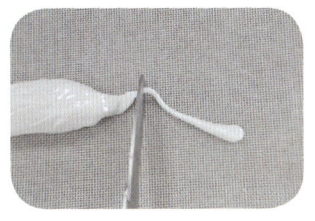

步骤 5　将无色糖浆缓慢地倒入模具中。

步骤 6　将白色、蓝色长条状糖体放入模具中。

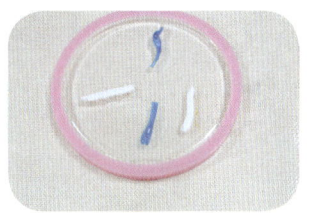

步骤 7　当长条状糖体变软后（大概 1 min），用手或竹签划出美观的花纹。

步骤 8　待糖体冷却定型后进行脱模。

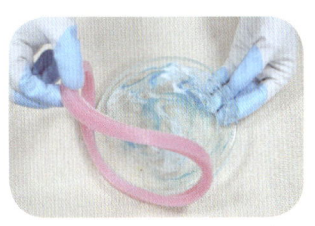

用 PVC 模具制作支架

操作准备

1. 设备工具

准备竹签、硬纸碗、PVC 软管、塞子、硅胶垫、美工刀、胶带、硅胶手套、自封袋等。

2. 原料

准备糖浆、食用色素。

操作步骤

步骤 1　将 PVC 软管平整地放置在硅胶垫上。

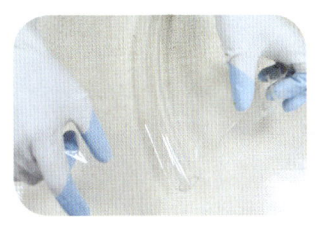

步骤 2　用塞子堵住 PVC 软管的一端。

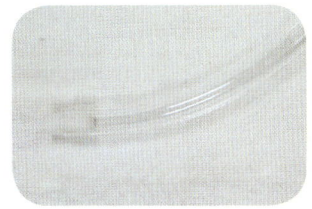

步骤 3　用胶带在 PVC 软管的另一端制作一个把手。

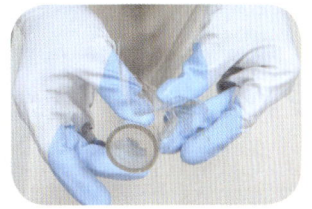

步骤4 对糖浆进行调色，用竹签搅拌均匀。	步骤5 将糖浆缓慢地倒入PVC软管，将PVC软管固定待糖浆冷却。	步骤6 待糖体硬度适宜后用美工刀将PVC软管割开。

步骤7 脱模。	步骤8 将糖体拉长。	步骤9 弯曲糖体使其成型。

注意事项

1. 灌模时应注意安全，因为PVC软管的管径较小，糖浆灌入后会被空气反推而溢出。

2. 冷却时应注意PVC软管中糖体的硬度，待其硬度适宜时再割开取出糖体，因为糖体太软是无法成型的，而糖体过硬又会断裂。

用硅胶模具制作支架

操作准备

1. 设备工具

准备竹签、硬纸碗、硅胶模具、硅胶手套、自封袋等。

2. 原料

准备糖浆、食用色素。

操作步骤

步骤1 对糖浆进行调色，用竹签搅拌均匀。

步骤2 将糖浆缓慢地倒入硅胶模具。

步骤3 待糖体冷却定型后进行脱模。

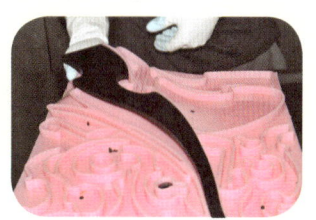

用金属模具制作支架

操作准备

1. 设备工具

准备竹签、硬纸碗、自制金属模具、喷火枪、气罐、硅胶垫、塑料板、硅胶手套、自封袋等。

2. 原料

准备糖浆、食用色素。

操作步骤

步骤1 将自制金属模具平整地放置在塑料板上。

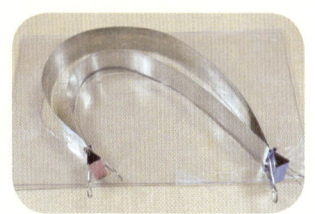

步骤2 对糖浆进行调色，用竹签搅拌均匀。

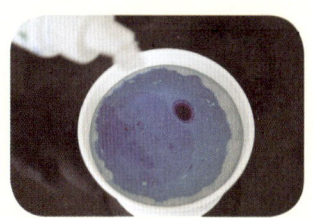

步骤3 将少量透明糖浆缓慢地倒入模具进行封底。

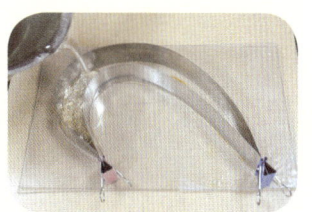

步骤4 待底部糖体完全冷却后，倒入适量的蓝色糖浆。

步骤5 接着倒入适量的透明糖浆，注意要倒出渐变的效果。

步骤6 使用喷火枪烧掉糖体表面的气泡。

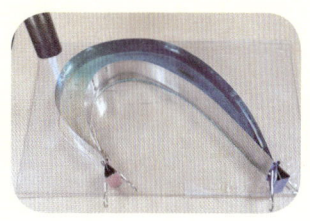

步骤7 待糖体冷却定型后进行脱模。

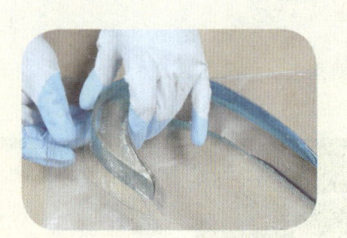

注意事项

应待底部糖体完全冷却后再灌入其他糖浆，避免糖浆溢出造成浪费。

枝条的制作

操作准备

1. 设备工具

准备竹签、硬纸碗、PVC软管、硅胶垫、美工刀、胶带、硅胶手套、自封袋等。

2. 原料

准备糖浆、食用色素。

操作步骤

步骤1 将PVC软管平整地放置在硅胶垫上。

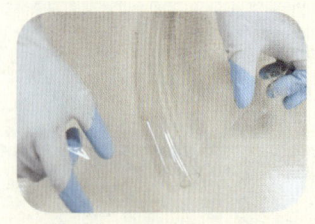

步骤2 用塞子堵住PVC软管的一端。

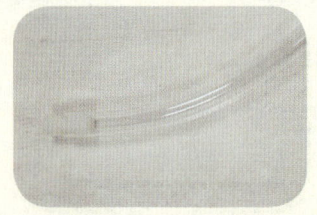

步骤3 用胶带在PVC软管的另一端制作一个把手。

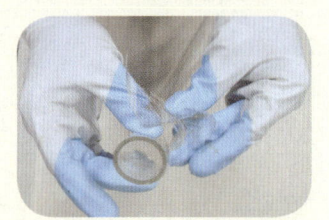

步骤4 对糖浆进行调色，用竹签搅拌均匀。

步骤5 将糖浆缓慢地倒入PVC软管，固定PVC软管待糖浆冷却。

步骤6 待糖体硬度适宜后，用美工刀将PVC软管割开。

步骤 7 脱模。	步骤 8 将糖体拉长，注意要将一端拉尖。	步骤 9 弯曲糖体使其成型。
	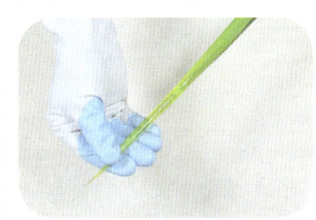	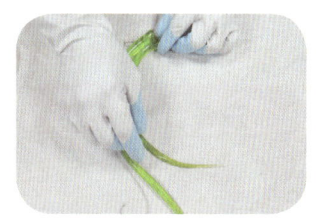

注意事项

参考"用 PVC 模具制作支架"的注意事项。

柱子的制作

操作准备

1. 设备工具

准备竹签、硬纸碗、硅胶模具、喷火枪、气罐、硅胶垫、硅胶手套、自封袋等。

2. 原料

准备糖浆、食用色素。

操作步骤

步骤 1 对糖浆进行调色，用竹签搅拌均匀。	步骤 2 将糖浆缓慢地倒入硅胶模具。
	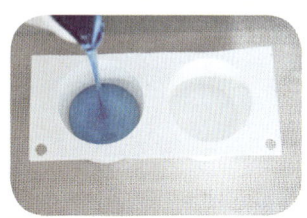
步骤 3 用喷火枪烧掉糖浆表面的气泡。	步骤 4 待糖体冷却定型后进行脱模。
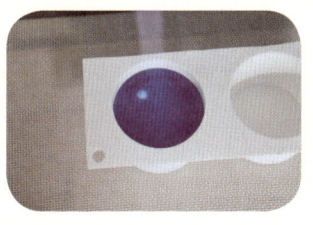	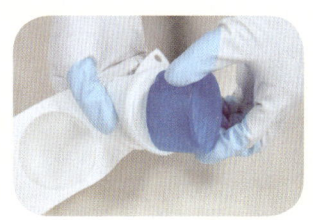

花托的制作

操作准备

1. 设备工具

准备硅胶模具、硅胶垫、硅胶手套、自封袋等。

2. 原料

准备糖浆。

操作步骤

步骤1 将硅胶模具平整地放置在硅胶垫上,倒入糖浆。

步骤2 待糖体冷却定型后进行脱模。

花底座的制作

操作准备

1. 设备工具

准备硅胶垫、硅胶手套、自封袋等。

2. 原料

准备糖浆。

操作步骤

步骤1 在硅胶垫上用糖浆缓慢地倒出一块圆形糖体。

步骤2 待糖体冷却定型后与硅胶垫分开。

注意事项

花底座应圆润且不宜过大。

培训单元 3　手工制作糖艺配件

熟悉吹糖和拉糖的技巧
熟悉吹糖和拉糖的注意事项
能够手工制作糖艺配件

一、吹糖和拉糖的技巧

1. 软硬度的控制

吹糖和拉糖所用糖体不宜过软,否则成品没有光泽感;所用糖体也不宜过硬,否则会难以操作。

2. 透明度的控制

吹糖和拉糖方法一般用于制作透明度较好的糖艺配件,因此不宜对糖体进行过度揉搓或拉扯,否则糖体内会出现较多气泡而影响成品透明度。

3. 亮度的控制

在糖体温度较高、较软时进行吹糖和拉糖会影响成品亮度,通常用稍硬一些的糖体吹制和拉制出的成品亮度较高。

二、吹糖和拉糖的注意事项

1. 吹糖时应确保糖体冷却定型后再将其从气囊管上取下,否则会导致其变形。
2. 吹糖、拉糖时动作应迅速,否则操作时间过长会导致糖体变硬而无法成型。
3. 成品冷却完成应立刻放入自封袋保存,防止受潮返砂。

技能要求

天鹅的吹制

操作准备

1. 设备工具

准备竹签、硬纸碗、硅胶垫、剪刀、气囊、气囊管、喷火枪、气罐、硅胶手套、硅胶模型、自封袋等。

2. 原料

准备糖浆、食用色素。

操作步骤

步骤1 对糖浆进行调色，用竹签搅拌均匀。

步骤2 将糖浆倒在硅胶垫上。

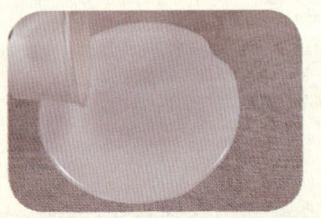

步骤3 待糖浆冷却后进行翻动。

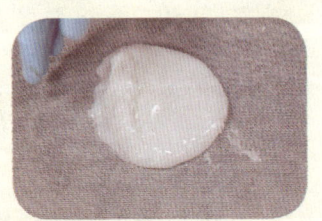

步骤4 将糖体多次对折使其硬度均匀，用剪刀剪下一块。

步骤5 将糖体捏成中空状。

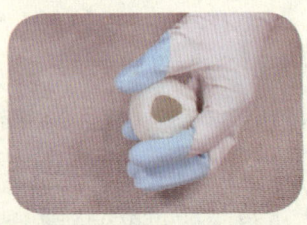

步骤6 用喷火枪加热气囊管。

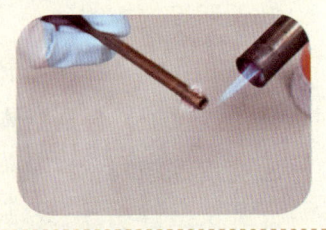

步骤7 用糖体包裹住气囊管。

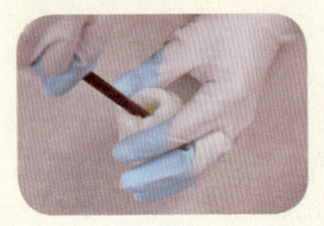

步骤8 将糖体吹制成型。

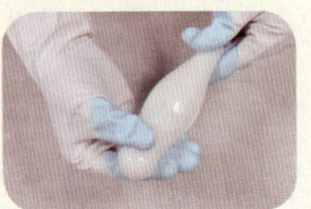

步骤9 将糖体的细长部分弯曲成鹅颈状。

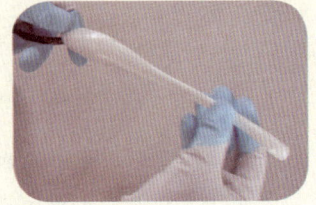

职业模块 3　糖艺造型作品的制作

步骤 10　待天鹅形糖体冷却定型后,加热糖体的底部,用剪刀剪下。

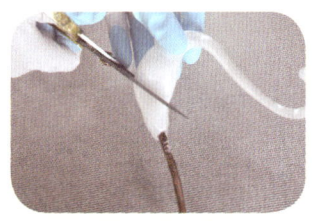

步骤 11　对糖体底部进行拉伸、修剪。

步骤 12　修剪出若干片水滴形糖片。

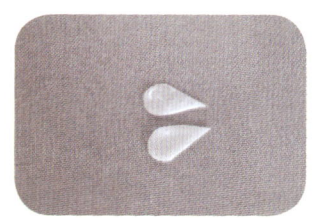

步骤 13　将水滴形糖片压出羽毛的纹理。

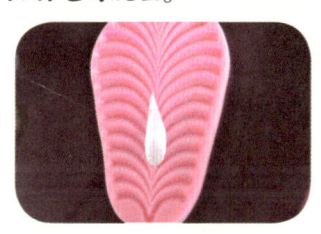

步骤 14　用喷火枪加热羽毛状糖片。

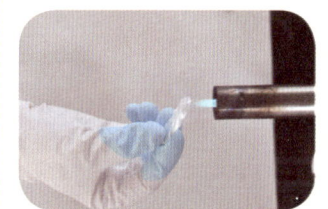

步骤 15　将羽毛状糖片粘接、组合成天鹅翅膀。

步骤 16　制作天鹅嘴巴并进行粘接。

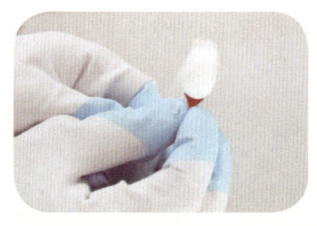

步骤 17　制作天鹅眼睛并进行粘接。

步骤 18　用喷火枪加热天鹅翅膀。

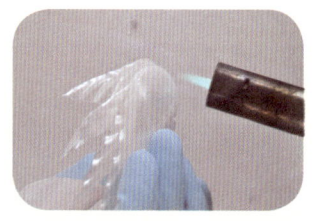

步骤 19　将天鹅翅膀与天鹅身体进行粘接。

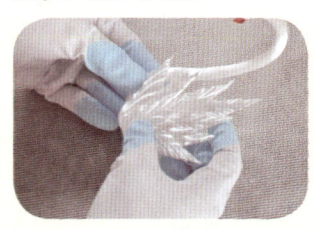

步骤 20　完成制作。

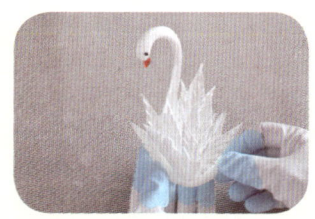

海豚的吹制

操作准备

1. 设备工具
准备硅胶垫、剪刀、气囊、气囊管、喷火枪、气罐、硅胶手套、自封袋等。

2. 原料
准备调好颜色的糖体（蓝色）。

操作步骤

步骤1 多次对折调好颜色的糖体使其硬度均匀，用剪刀剪下一块。

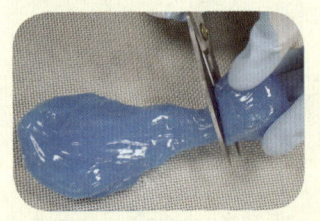

步骤2 将糖体捏成中空状。

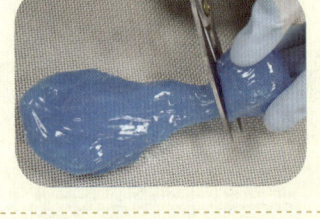

步骤3 用糖体包裹住气囊管。

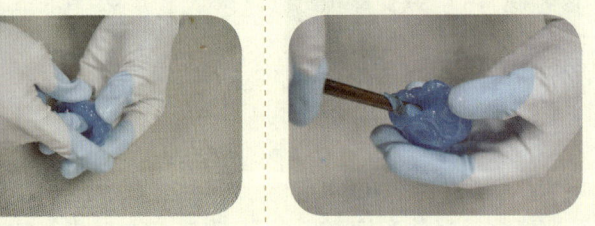

步骤4 吹制出海豚嘴。

步骤5 吹制出海豚躯干。

步骤6 待海豚形糖体冷却定型后用喷火枪加热其底部。

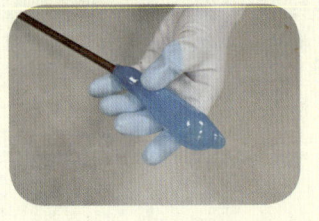

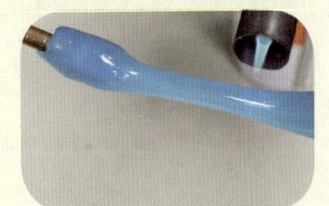

步骤7 用剪刀将糖体剪下。

步骤8 捏制海豚的鳍和尾巴并进行粘接。

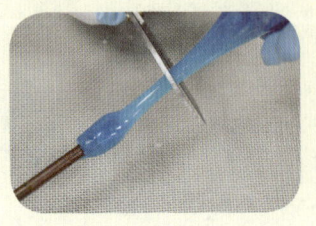

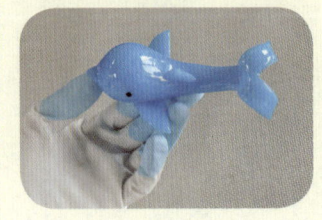

小鸟的吹制

操作准备

1. 设备工具

准备硅胶垫、剪刀、气囊、气囊管、喷火枪、气罐、硅胶手套、自封袋等。

2. 原料

准备调好颜色的糖体(白色)。

操作步骤

步骤1 将调好颜色的糖体多次对折,用剪刀剪下一块。

步骤2 将糖体捏成中空状。

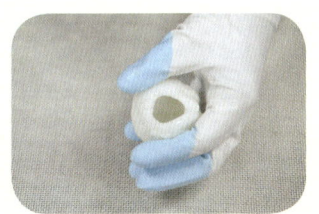

步骤3 用糖体包裹住气囊管。

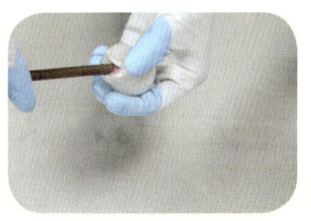

步骤4 将糖体吹制成型。

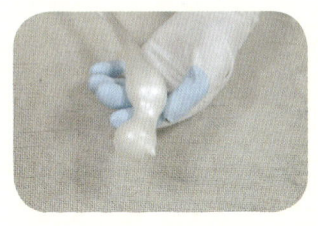

步骤5 制作小鸟的尾巴。

步骤6 粘接小鸟的尾巴。

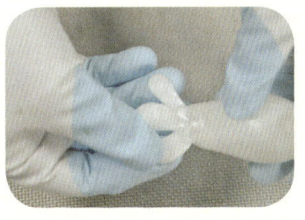

步骤7 制作并粘接小鸟的翅膀、眼睛。

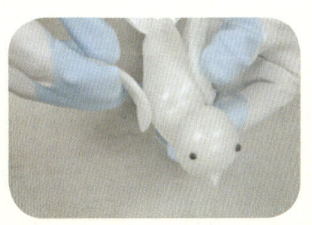

菊花的拉制

操作准备

1. 设备工具

准备竹签、硬纸碗、硅胶垫、美工刀、气囊、气囊管、喷火枪、气罐、硅胶手套、自封袋等。

2. 原料

准备糖浆、食用色素。

操作步骤

步骤1 对糖浆进行调色，用竹签搅拌均匀。

步骤2 将糖浆倒在硅胶垫上。

步骤3 待糖浆冷却后进行翻动。

步骤4 将糖体拉亮。

步骤5 将糖体捏成中空状，用糖体包裹住气囊管。

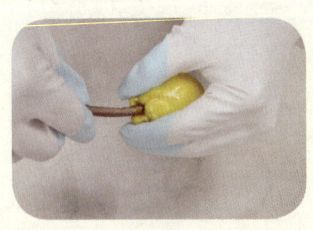

步骤6 吹制花心。

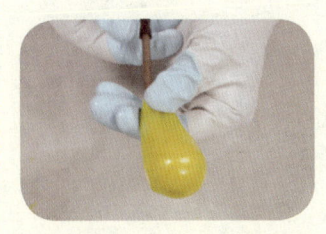

步骤7 在花心底部进行切割。

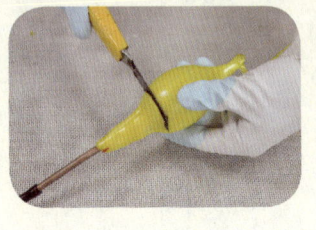

步骤8 拉制花瓣。

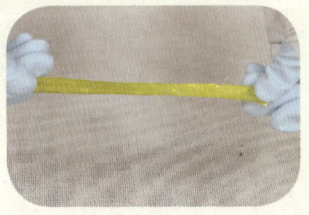

步骤9 用手使花瓣弯曲成型。

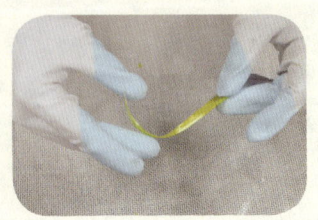

步骤 10 用喷火枪加热花瓣。	步骤 11 将花瓣粘接到花心上。	步骤 12 完成制作。
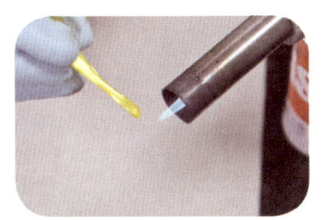	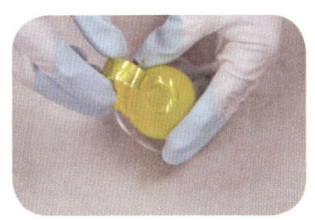	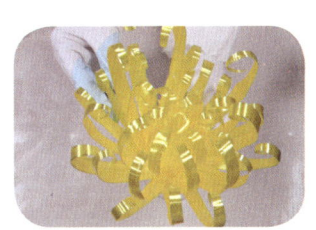

注意事项

粘接花瓣时，用喷火枪加热的时间不宜过长，否则花瓣软化会导致无法粘接。

莲花的拉制

操作准备

1. 设备工具

准备硅胶垫、剪刀、美工刀、气囊、气囊管、喷火枪、气罐、硅胶手套、自封袋等。

2. 原料

准备调好颜色的糖体（白色和粉色）。

操作步骤

步骤 1 将白色糖体多次对折，用剪刀剪下一块。	步骤 2 将糖体捏成中空状。	步骤 3 用糖体包裹住气囊管。
	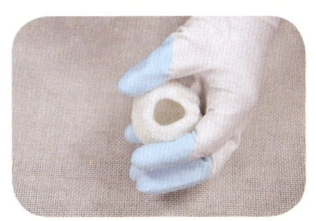	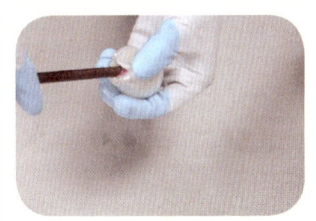
步骤 4 吹制花心。	步骤 5 进行切割。	步骤 6 用白色糖体拉制第一层花瓣。
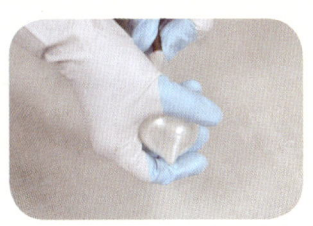	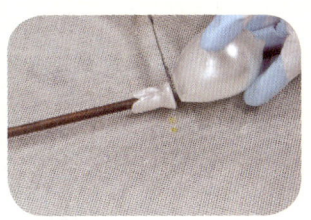	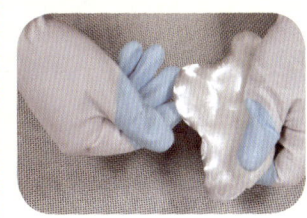

步骤7 用剪刀剪出若干个白色花瓣。

步骤8 用喷火枪加热白色花瓣。

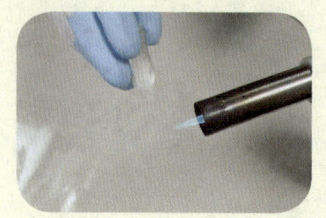

步骤9 粘接白色花瓣。

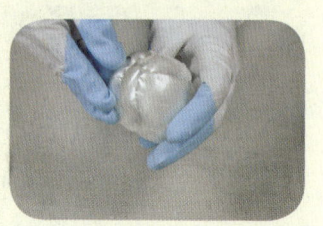

步骤10 用粉色糖体拉制第二层花瓣。

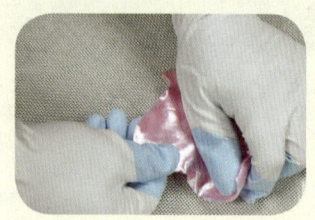

步骤11 用剪刀剪出若干个粉色花瓣。

步骤12 用喷火枪加热粉色花瓣。

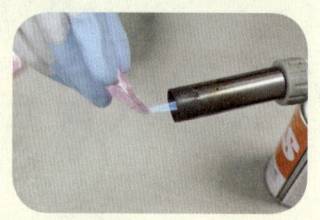

步骤13 粘接粉色花瓣，完成制作。

注意事项

粘接花瓣时，用喷火枪加热的时间不宜过长，否则花瓣软化会导致无法粘接。

丝带花的拉制

操作准备

1. 设备工具

准备硅胶垫、剪刀、美工刀、气囊、气囊管、喷火枪、气罐、硅胶手套、自封袋等。

2. 原料

准备调好颜色的糖体（红色和黄色）。

操作步骤

步骤1　将红色糖体多次对折，用剪刀剪下一块。

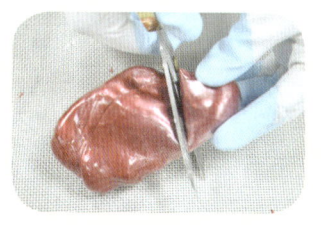

步骤2　吹制花心。

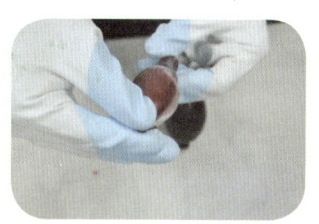

步骤3　进行切割。

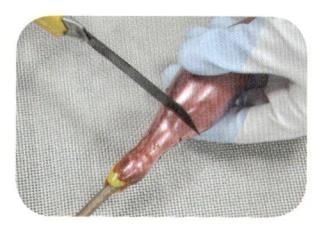

步骤4　再剪一块红色糖体。

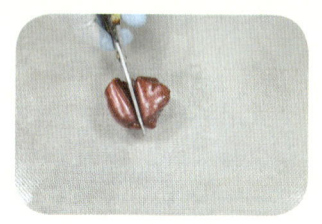

步骤5　将红色糖体进行拉伸。

步骤6　对折后粘接使红色糖体变宽。

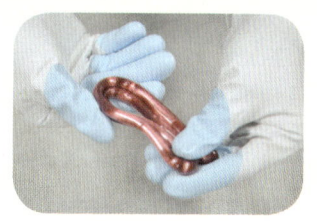

步骤7　取一块黄色糖体进行拉伸、剪切，再将其与红色宽糖体粘接为一体。

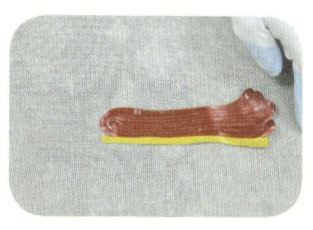

步骤8　对折（黄色部分在中间）后粘接糖体使其变宽。

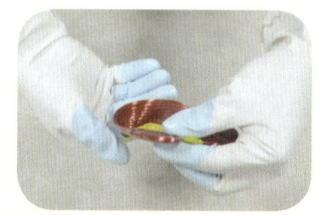

步骤9　拉长糖体，用剪刀将其剪成长度相近的长条形糖皮。

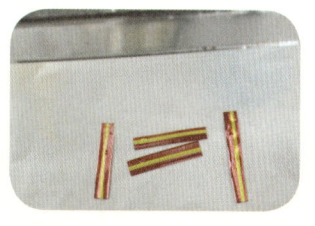

步骤10　用手将长条形糖皮对折使其形成丝带花花瓣。

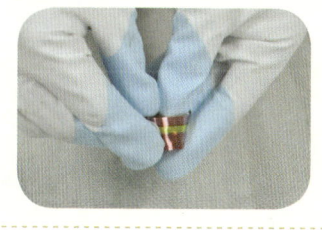

步骤11　用喷火枪加热丝带花花瓣并进行粘接。

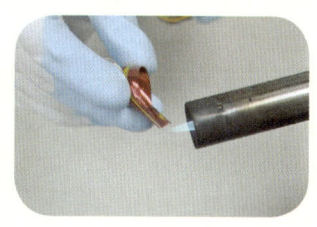

步骤12　完成制作。

注意事项

粘接花瓣时，用喷火枪加热的时间不宜过长，否则花瓣软化会导致无法粘接。

彩带的拉制

操作准备

1. 设备工具
准备硅胶垫、剪刀、美工刀、喷火枪、气罐、硅胶手套、自封袋等。

2. 原料
准备调好颜色的糖体（绿色、橙色和白色）。

操作步骤

步骤1　将调好颜色的糖体多次对折，使糖体硬度均匀，用剪刀分别剪下一小块。

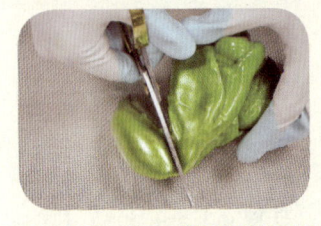
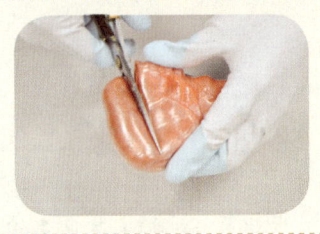
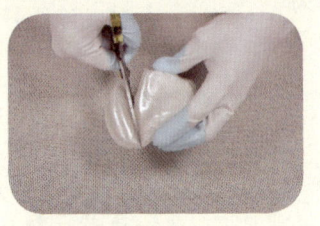

步骤2　将剪下来的糖体粘接为一体后拉长。

步骤3　将糖体对折后粘接（操作两次）。

步骤4　将糖体拉制成彩带状糖皮。

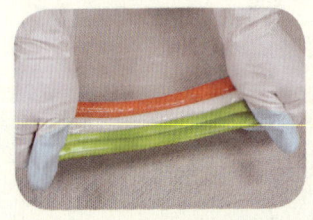

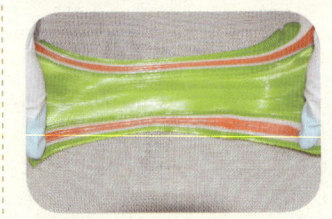

步骤5　用烧热后的美工刀切割彩带状糖皮。

步骤6　将小块彩带状糖皮进行弯折。

步骤7　完成制作。

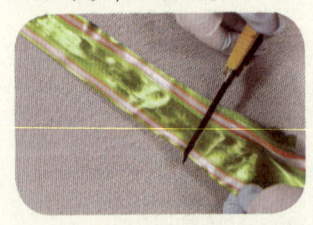

注意事项

1. 每次对折糖体时应保证纹路均匀、清晰。
2. 彩带状糖皮在拉直后若变硬，可将美工刀烧热后对其进行切割。

荷叶的制作

操作准备

1. 设备工具

准备硅胶垫、喷火枪、气罐、硅胶模具、硅胶手套、自封袋等。

2. 原料

准备调好颜色的糖浆（绿色）。

操作步骤

步骤1　用调好颜色的糖浆缓慢地在硅胶垫上倒出一小块圆形糖体。

步骤2　用喷火枪烧掉糖体表面的气泡后使其冷却。

步骤3　用硅胶模具将糖体压制成型。

步骤4　完成制作。

注意事项

压制时动作应迅速，时间过长会导致糖体变硬而无法成型。

浪花的制作

操作准备

1. 设备工具

准备糖艺灯、硅胶垫、铲刀、硬纸碗、硅胶手套、自封袋等。

2. 原料

准备糖浆。

操作步骤

步骤1　将糖浆缓慢地倒在硅胶垫上冷却（注意形状）。

步骤2　将冷却的糖体放在糖艺灯上加热。

步骤3　用铲刀在糖体上压出纹路。

步骤4　通过弯折、拉伸将糖体制成浪花。

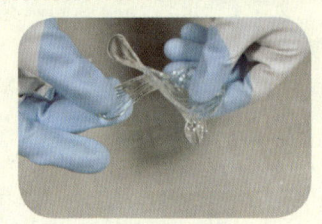

注意事项

1. 制作糖体时其温度应适宜。温度过高时糖体较软且亮度较差，不易成型；温度过低时糖体较硬，同样不易成型。

2. 制作时动作应迅速，时间过长会导致糖体变硬而无法成型。

培训项目 2 糖艺造型作品的组合

培训单元 1 糖艺造型作品的组合方法

了解糖艺造型作品的组合方法
掌握糖艺造型作品的组合注意事项
能够组合主题糖艺造型作品

一、糖艺造型作品的组合方法

1. 用喷火枪加热配件的粘接点，将两个配件组合。
2. 将热糖浆涂抹在配件的粘接点，将两个配件组合。

二、糖艺造型作品的组合注意事项

1. 组合各配件时，应保证它们在一个重心点上，否则成品易倾倒。
2. 在温度过低的环境中组合糖艺造型作品时，糖体容易开裂。为了防止糖体开裂，在使用喷火枪的时候应慢慢加热，即火力不宜过大。与使用喷火枪的组合方法相比，使用热糖浆的组合方法会使糖体开裂的情况减少。
3. 当操作环境湿度较大时，应加快粘接速度，防止配件受潮返砂。如果配件受潮，可用喷火枪烧去配件表面的水分或将美工刀烧热后烫掉配件表面的水分，再进行粘接。

4. 糖艺造型作品整体上应颜色搭配合理、比例协调。

海洋主题糖艺造型作品的组合

操作准备

1. 设备工具

准备电磁炉、不锈钢复底锅、硅胶垫、喷火枪、气罐、不锈钢勺、硅胶手套等。

2. 原料

准备糖艺配件、糖浆。

操作步骤

步骤1　用喷火枪分别对彩色底座和柱子进行加热。

步骤2　用不锈钢勺盛少量热糖浆倒在彩色底座上。

步骤3　将柱子粘接到彩色底座上。

步骤4　用不锈钢勺盛少量热糖浆倒在柱子上。

步骤5　将支架粘接到柱子上。

步骤6　用不锈钢勺盛少量热糖浆倒在支架上。

步骤7　将花底座粘接到支架上。

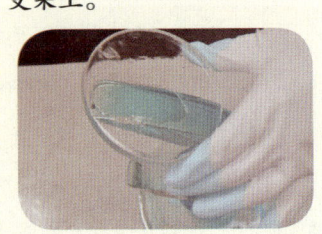

步骤 8　在花底座上粘接枝条、菊花。

步骤 9　在枝条上粘接浪花。

步骤 10　在支架上粘接海豚。

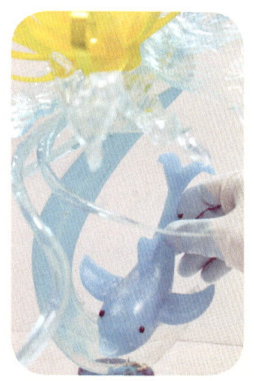

步骤 11　完成制作。

音乐主题糖艺造型作品的组合

操作准备

1. 设备工具
准备电磁炉、不锈钢复底锅、硅胶垫、喷火枪、气罐、不锈钢勺、硅胶手套等。

2. 原料
准备糖艺配件、糖浆。

操作步骤

步骤1　用喷火枪加热底座后将其与主体进行粘接。

 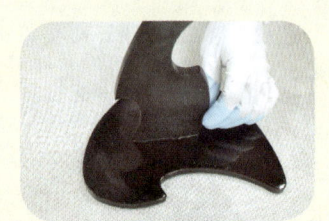

步骤2　粘接支架。

 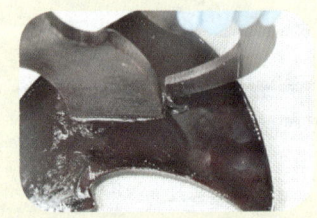

步骤3　粘接琴造型的配件。

 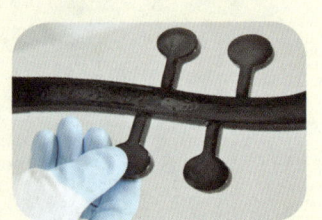

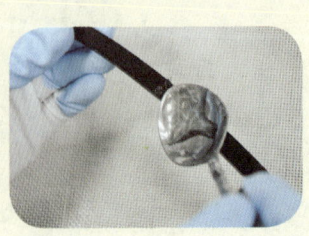 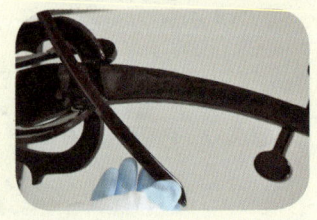

步骤 4 粘接丝带花和小鸟。

步骤 5 完成制作。

荷塘主题糖艺造型作品的组合

操作准备

1. 设备工具

准备电磁炉、不锈钢复底锅、硅胶垫、喷火枪、气罐、不锈钢勺、硅胶手套等。

2. 原料

准备糖艺配件、糖浆。

操作步骤

步骤 1 用喷火枪加热球形底座。

步骤 2 将球形底座粘接到鹅卵石底座上。

步骤 3 用不锈钢勺盛少量热糖浆倒在球形底座上。

步骤4　粘接支架。

步骤5　在支架顶端粘接圆形板。

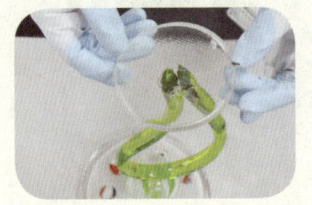

步骤6　在圆形板上粘接枝条。

步骤7　在枝条上粘接荷花。

步骤8　用喷火枪加热彩带。

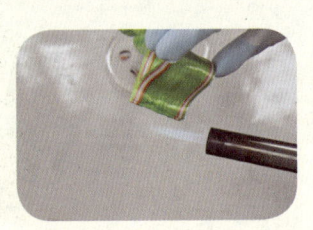

步骤9　将彩带粘接到荷花周围。

步骤10　在荷叶上涂少量热糖浆。

步骤11　将荷叶粘接到鹅卵石底座上。

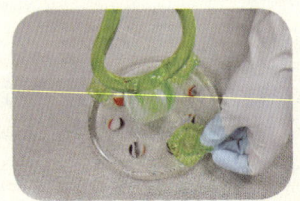

步骤12　在鹅卵石底座上粘接天鹅。

步骤13　完成制作。

培训单元 2　糖艺造型作品的整体装饰与保存

培训重点

了解糖艺造型作品的整体装饰方法和注意事项
熟悉糖艺造型作品的保存方法

知识要求

一、糖艺造型作品的整体装饰方法和注意事项

1. 糖艺造型作品的整体装饰方法

（1）喷色。喷色是指在喷枪中装入食用色素对制品进行上色，如图3-4所示。

（2）粘接。粘接是指借助喷火枪、热糖浆将配件组合在一起，如图3-5所示。

（3）绘图。绘图是指用水彩画笔或毛笔蘸食用色素在制品表面绘制图案，如图3-6所示。

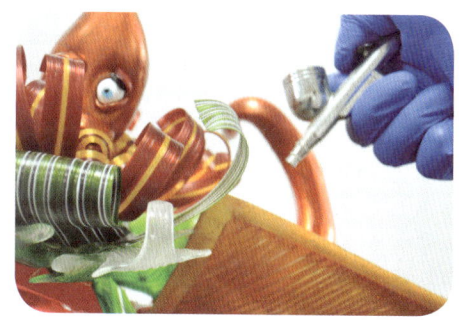

图 3-4　喷色

图 3-5　粘接　　　　　图 3-6　绘图

2. 糖艺造型作品的整体装饰注意事项

严禁使用非食用色素对糖艺造型作品进行装饰。

二、糖艺造型作品的保存方法

糖艺造型作品应该保存在干燥、密封的环境中。为了方便展示,一般将糖艺造型作品置于密封的亚克力罩内。实际操作时可以在亚克力罩内放置干燥剂,以延长保质期。

职业模块 ④ 装饰蛋糕的制作

内容结构图

装饰蛋糕的制作
- 糖团的调制
  - 白帽糖团的调制
  - 杏仁膏糖团的调制
  - 巧克力糖团的调制
- 蛋糕的装饰
  - 白帽糖团装饰
  - 杏仁膏糖团装饰
  - 巧克力糖团装饰

培训项目 1

糖团的调制

培训单元1　白帽糖团的调制

熟悉白帽糖团的种类和用途
掌握白帽糖团的调制方法
熟悉白帽糖团的使用注意事项
能够调制白帽糖团

一、白帽糖团的种类和用途

1. 白帽糖团的种类

（1）干白帽。干白帽是指以糖粉为主要原料，加入适量的明胶水溶液、柠檬汁（或醋精），经反复揉搓、折叠而制成的一种糖团。干白帽呈膏状，柔软滑润，洁白细腻。

（2）湿白帽。湿白帽又称蛋白糖霜、蛋白膏，是指将糖粉、蛋白和醋精搅拌均匀而制成的一种糖团。湿白帽呈流质状、乳白色，质地光滑，黏度可调节。

2. 白帽糖团的用途

（1）干白帽的用途。干白帽的延展性极佳，具有工艺多样性，可以制作成各种各样的捏塑造型，还可以用作蛋糕的覆面料以及翻糖饼干、姜饼屋等的装饰原料。

（2）湿白帽的用途。湿白帽易于保存，可以用来粘接装饰件，是一种常用的食品黏合剂。湿白帽色泽偏白，常用于装饰婚礼蛋糕、圣诞蛋糕、姜饼屋等。

二、白帽糖团的调制方法

1. 干白帽糖团的调制方法

干白帽糖团的调制方法具体如下：先将明胶用冷水泡软，再隔水加热、搅拌至明胶完全溶解；在过筛的糖粉中加入明胶水和柠檬汁，继续搅拌直至形成乳白色的糊；将乳白色的糊揉搓成均匀、光滑的糖团。

2. 湿白帽糖团的调制方法

湿白帽糖团的调制方法具体如下：将过筛的糖粉分次加入蛋白中，用打蛋器将其搅拌均匀，加入醋精后继续搅拌直至黏度适宜。

三、白帽糖团的使用注意事项

1. 干白帽糖团的使用注意事项

（1）使用干白帽糖团时，环境湿度应小于40%。可以加适量的糖粉或者炒熟的玉米淀粉来防黏。

（2）干白帽糖团应存放在干燥、避光的环境中，避免存放在高温环境中。

（3）干白帽糖团便于调色，使用食用色素进行调色时还可添加光亮剂。注意，如果需要使用金色、银色的食用色粉，要加入高纯度酒精进行调和。

2. 湿白帽糖团的使用注意事项

（1）使用湿白帽糖团时要注意对黏度进行调节。

（2）暂时不用的湿白帽糖团要用保鲜膜覆盖，并盖上一层湿布。

（3）湿白帽糖团需要放入冰箱冷藏保存。

技能要求

干白帽糖团的调制

操作准备

1. 设备工具

准备电磁炉、不锈钢盆、打蛋器、筛网、刮板、玻璃碗等。

2. 原料

项目	原料名称	烘焙百分比
糖团	糖粉	100.0%
	冷水	20.0%
	明胶	0.8%
	柠檬汁	适量

操作步骤

步骤1 将明胶先用冷水泡软再隔水加热至溶解，搅拌均匀；将过筛的糖粉在操作台上围成一圈，在中间倒入明胶水溶液。

步骤2 继续倒入柠檬汁。

步骤3 用刮板和手进行翻拌，使其充分混合。

步骤4 用手揉搓，形成均匀、光滑的干白帽糖团。

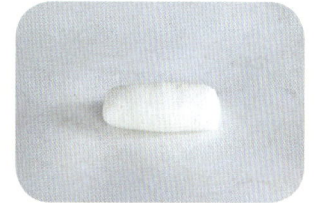

注意事项

1. 调制时,环境温度宜保持为 22～26 ℃。

2. 调制时,环境湿度宜低于 65%,否则干白帽糖团易受潮,下次操作时比较黏手。

3. 操作台要平整、光滑。

4. 调制时动作要迅速,否则干白帽糖团表面会干燥而出现颗粒。

湿白帽糖团的调制

操作准备

1. 设备工具

准备刮板、筛网、打蛋器、搅板、玻璃碗等。

2. 原料

项目	原料名称	烘焙百分比
糖团	糖粉	100%
	蛋白	20%
	醋精	适量

操作步骤

步骤1 将过筛的糖粉分次加入蛋白中,用打蛋器搅拌均匀。

步骤2 加入适量醋精进行增白、调味,用搅板搅拌均匀。

注意事项

1. 用于吊线装饰方法的湿白帽糖团要调制得相对稠一些,太稀的湿白帽糖团难以成型。

2. 用于刷绣、刺绣装饰方法的湿白帽糖团要调制得相对稀一些,以便刷出纹理。

3. 调制湿白帽糖团时要注意搅拌速度,宜低速搅拌。

4. 调制好的湿白帽糖团需要静置片刻后再使用,静置的目的是减少其中的气泡。

培训单元 2　杏仁膏糖团的调制

了解杏仁膏糖团的概念、特点和用途
掌握杏仁膏糖团的调制方法
熟悉杏仁膏糖团的使用注意事项
能够调制杏仁膏糖团

一、杏仁膏糖团的概念、特点和用途

1. 杏仁膏糖团的概念

杏仁膏糖团又称杏仁糖面、杏仁糖泥,是指以杏仁粉为主要原料,加入糖、鸡蛋等辅料调制而成的糖团。

2. 杏仁膏糖团的特点

它与杏仁酱的成分相似,但是制作方法和用途不同。杏仁膏糖团比杏仁酱浓稠,且其色泽较白,具有柔软细腻、气味香醇的特点。

3. 杏仁膏糖团的用途

(1) 杏仁膏糖团是制作西点的高级原料,可制成馅料、点心皮。可将调色的杏仁膏糖团捏制成花、鸟、鱼、虫等动植物装饰件。

（2）杏仁膏糖团可用作覆面前的保护层，起防腐作用。

（3）杏仁膏糖团可用于各种蛋糕的覆面。

二、杏仁膏糖团的调制方法

杏仁膏糖团的调制方法具体如下：将蛋液与细砂糖混合、搅拌、加热，再将其倒入过筛的杏仁粉和糖粉的混合物中，用刮板和手进行翻拌，再用手揉搓成团。

三、杏仁膏糖团的使用注意事项

1. 杏仁膏糖团要储存在干燥、避光的环境中，环境湿度宜低于60%。

2. 暂时不用的杏仁膏糖团必须用保鲜膜密封包裹。

3. 使用时可用糖粉作为撒手粉，防止制品黏手。

4. 杏仁膏糖团颜色偏黄，必须先调白后再调成其他颜色，否则会影响调色效果。

技能要求

杏仁膏糖团的调制

操作准备

1. 设备工具

准备微波炉、打蛋器、刮板、筛网、盛器、食品温度计等。

2. 原料

项目	原料名称	烘焙百分比
糖团	杏仁粉	100%
	糖粉	50%
	细砂糖	20%
	蛋液	20%

操作步骤

步骤1 将杏仁粉和糖粉混合后过筛。

 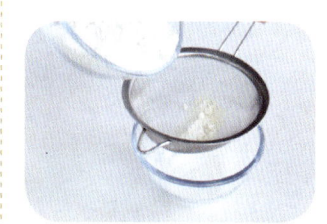

步骤2 将蛋液加入细砂糖中，用打蛋器搅拌均匀后用微波炉稍加热。

步骤3 将加热后的液体原料加入粉末原料中。

步骤4 用刮板和手进行翻拌，使其充分混合。

步骤5 用手揉搓，形成均匀、光滑的杏仁膏糖团。

注意事项

1. 蛋液加细砂糖搅匀后需加热至49 ℃左右。
2. 调制时双手揉搓的力度应一致，目的是使糖团均匀、光滑。

培训单元3　巧克力糖团的调制

了解巧克力糖团的概念和用途

掌握巧克力糖团的调制方法

熟悉巧克力糖团的使用注意事项

能够调制巧克力糖团

一、巧克力糖团的概念和用途

巧克力糖团主要由巧克力和葡萄糖浆混合而成，可用作烘焙原料，也是蛋糕的主要装饰原料之一。常用巧克力糖团捏塑人偶、卡通动物等装饰件，也常用巧克力糖团对蛋糕进行覆面。巧克力糖团的适宜使用温度为 20～25 ℃。

二、巧克力糖团的调制方法

巧克力糖团的调制方法具体如下：将巧克力和葡萄糖浆分别加热至 32 ℃，将葡萄糖浆加入融化的巧克力中并进行搅拌，搅拌均匀后将混合物平摊在大理石操作台上降温，待其冷却后揉搓成团。

三、巧克力糖团的使用注意事项

1. 要在适宜的环境温度条件下使用巧克力糖团。
2. 在对巧克力糖团进行调色时，宜使用油性食用色素。
3. 巧克力糖团应储存在干燥、避光的环境中。

巧克力糖团的调制

操作准备

1. 设备工具

准备大理石操作台、搅板、不锈钢复底锅、不锈钢盆、玻璃碗、食品温度计等。

2. 原料

项目	原料名称	烘焙百分比
糖团	巧克力	100%
	葡萄糖浆	50%

操作步骤

步骤1　将巧克力切碎后隔水融化。

步骤2　将葡萄糖浆隔水加热。

步骤3　当两者温度达到32 ℃时进行混合，充分搅拌均匀。

步骤4　待混合物略降温后将其平摊在大理石操作台上进行冷却。

步骤5　用手揉搓，形成均匀、光滑的巧克力糖团。

培训项目 2 蛋糕的装饰

培训单元 1　白帽糖团装饰

掌握白帽糖团的装饰方法和装饰注意事项
熟悉多层艺术蛋糕的装饰注意事项
能够用白帽糖团装饰多层艺术蛋糕

一、白帽糖团的装饰方法

1. 干白帽糖团的装饰方法

干白帽糖团的蛋糕装饰分为两个方面——平面装饰和立体装饰。平面装饰主要应用在二维空间内，是指按照设计图用基本图形或轮廓线划分蛋糕表面。立体装饰是以视觉效果为基础、以力学原理为依据，用干白帽糖团将造型要素按照一定的原则组合成美观的造型，再以点、线、面的形式摆放在蛋糕表面，突出主题的三维立体感。用干白帽糖团装饰蛋糕的具体方法如下。

（1）卷。卷是指用手将干白帽糖团卷成各种形状后用作装饰件。

（2）包。包是用干白帽糖团制作花卉的常用方法，即将花瓣一层一层地包裹起来。

（3）捏。捏是指借助工具，用手将干白帽糖团捏塑成型。

（4）叠。叠是指用手将干白帽糖皮折叠出所需形状，通常用来制作围边装饰件和蝴蝶结装饰件。

（5）搓。搓是指将干白帽糖团搓至球形、长条形，主要用来制作人物、动物等造型的头部、躯干和四肢。

2. 湿白帽糖团的装饰方法

（1）裱挤。裱挤是指用湿白帽糖团裱制各种花卉、建筑等立体造型，也可对蛋糕进行围边装饰。

（2）填。填是指用湿白帽糖团对蛋糕进行填充、覆面，或在蛋糕表面用湿白帽糖团填充各种图案进行装饰。

（3）刷。刷是指用软毛刷对蛋糕表面的湿白帽线条进行刷绣，可从边缘向中间刷出花卉、动物等造型。

（4）吊线。吊线是指将湿白帽糖团拉伸裱挤在蛋糕表面，以形成美观的线条。吊线可分为平面吊线、立体吊线、浮雕吊线等。另外，吊线后便于粘接。

二、白帽糖团的装饰注意事项

1. 干白帽糖团的装饰注意事项

（1）注意操作环境的湿度，应避免湿度过高。

（2）使用硅胶模具时应预先涂抹起酥油。

（3）使用切模后应去除装饰件边缘的毛边。

2. 湿白帽糖团的装饰注意事项

（1）应根据需要调节湿白帽糖团的硬度。

（2）调制深色湿白帽糖团时一般使用食用色粉。

（3）用于吊线、裱挤装饰方法的湿白帽糖团需要适当增加硬度和黏度（可添加少量葡萄糖浆），避免装饰时糖团断裂。同时应选用开口适宜的裱花嘴，否则装饰效果不美观。

三、多层艺术蛋糕的装饰注意事项

1. 叠加蛋糕时应注意保持蛋糕的平衡性。
2. 在每层蛋糕底部都应进行围边装饰，以使层与层之间完美衔接。

多层祝寿蛋糕的白帽糖团装饰

操作准备

1. 设备工具

准备擀面杖、抹平器、刮板、花茎板、字模、整形棒、裱花嘴、裱花袋等。

2. 原料

准备适量的湿白帽糖团、干白帽糖团(多种颜色)、蛋糕、糖粉、食用色粉、黄油膏(一种由黄油加工而成的产品)等。

操作步骤

步骤1　先用擀面杖将干白帽糖团擀成糖皮,然后在蛋糕表面涂抹少许黄油膏,再将干白帽糖皮覆盖在蛋糕表面。

步骤2　用手使干白帽糖皮贴紧蛋糕表面,然后用抹平器抹平,再用刮板切除多余的干白帽糖皮。

步骤3　将完成覆面的蛋糕从大到小依次叠放、组合,每层之间可用湿白帽糖团粘接。

步骤4　制作寿桃装饰件。

(1)将粉红色干白帽糖团搓圆。　(2)在糖团顶部捏出桃子的尖角。　(3)用整形棒开缝。

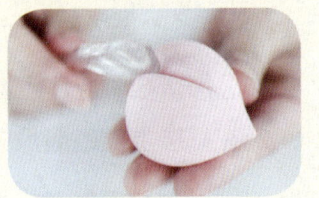

职业模块 4　装饰蛋糕的制作

（4）将绿色干白帽糖团在花茎板上擀成薄片。

（5）用整形棒将绿色薄片切成桃叶状并划出纹路。

（6）将桃子与桃叶捏合后摆放在蛋糕上。

步骤 5　制作寿字装饰件。

（1）先将红色干白帽糖团擀平，然后用字模按压。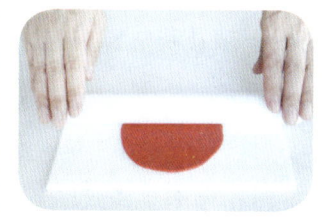

（2）将寿字装饰件脱模后粘接在中层蛋糕侧面。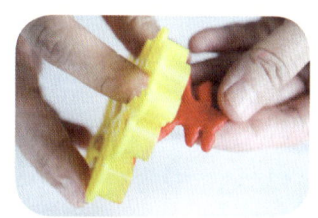

步骤 6　将湿白帽糖团调成红色，对多层祝寿蛋糕进行裱挤装饰和吊线装饰。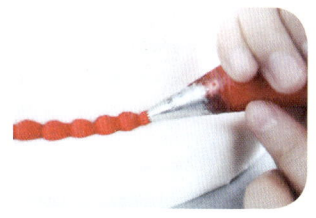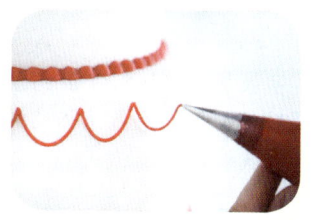

步骤 7　完成制作。

注意事项

1. 将干白帽糖团擀成糖皮后,如果糖皮上有气泡,必须用针挑破后挤出空气。
2. 在粘接寿字装饰件时可在其背面刷少量清水,但要避免多余的水滴在蛋糕上。

多层婚礼蛋糕的白帽糖团装饰

操作准备

1. 设备工具

准备擀面杖、抹平器、刮板、裱花嘴、裱花袋、切模、花茎板、刻刀、硅胶模具等。

2. 原料

准备适量的湿白帽糖团、干白帽糖团(多种颜色)、蛋糕、糖粉、黄油膏等。

操作步骤

步骤1 完成蛋糕的干白帽糖团(调成淡粉色)覆面,将覆好面的蛋糕从大到小依次叠放、组合,每层之间可用湿白帽糖团粘接。

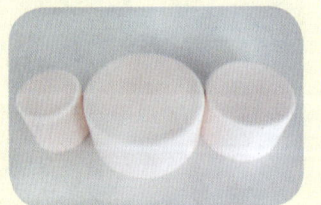 

步骤2 用白色湿白帽糖团对多层蛋糕进行裱挤装饰和吊线装饰。

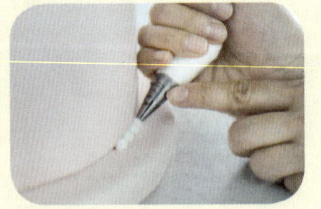 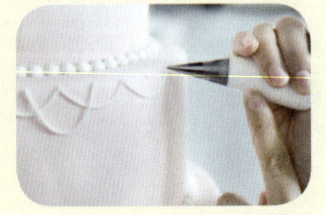

步骤3 制作干白帽糖团装饰件。

(1)将粉红色干白帽糖团擀平后用切模按压出心形装饰件,然后用刻刀去除装饰件边缘的毛边。　(2)将粉红色干白帽糖团填充在硅胶模具中,制成字母装饰件。

步骤4 用清水粘接装饰件，完成制作。

注意事项

使用硅胶模具前应先涂抹少量起酥油，以方便脱模。

培训单元 2　杏仁膏糖团装饰

掌握杏仁膏糖团的装饰方法和装饰注意事项
能够用杏仁膏糖团装饰多层艺术蛋糕

一、杏仁膏糖团的装饰方法

1. 准备工作

一般需要先调色（用食用色膏可以得到较好的调色效果），并准备相应尺寸的模具备用。

2. 装饰流程

（1）将杏仁膏糖团擀平后进行覆面，叠加、组合多层蛋糕。

（2）制作围边装饰件。

（3）制作卡通公仔、水果、字母等装饰件装饰蛋糕。在制作卡通公仔时，一般先用杏仁膏糖团搓出躯干，再借助整形棒等工具制作四肢、面部等细节部分。

二、杏仁膏糖团的装饰注意事项

1. 用切模切制装饰件时必须用刻刀去除边缘的毛边，使装饰件光滑、美观。
2. 使用硅胶模具前应先涂抹少量起酥油，以方便脱模。
3. 注意塑形工具如整形棒等的使用技巧，日常工作中多积累经验。
4. 卡通公仔头部与身躯的制作比例以1∶1为佳，这样制作出来的卡通公仔比较萌。

技能要求

多层派对蛋糕的杏仁膏糖团装饰

操作准备

1. 设备工具

准备抹平器、刮板、硅胶模具、整形棒、花茎板、擀面杖、切模、刻刀等。

2. 原料

准备适量的杏仁膏糖团（多种颜色）、湿白帽糖团、蛋糕、糖粉、黄油膏等。

操作步骤

步骤1　完成蛋糕的杏仁膏糖团覆面，将覆好面的蛋糕从大到小依次叠放、组合，每层之间可用湿白帽糖团粘接。

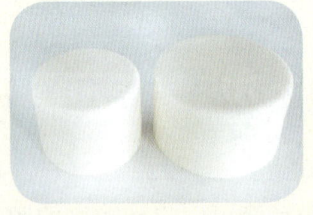 

步骤2　制作杏仁膏糖团装饰件。

（1）用橙色杏仁膏糖团填充硅胶模具，制成围边装饰件。

 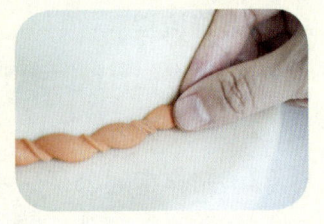

（2）用红色杏仁膏糖团填充硅胶模具，制成字母装饰件。

（3）将紫色杏仁膏糖团揉搓成葡萄装饰件；将适量绿色杏仁膏糖团搓成细条，在整形棒上卷成藤蔓装饰件；另将适量绿色杏仁膏糖团擀平后用切模切出葡萄叶装饰件；将藤蔓、葡萄叶与葡萄组合在一起。

 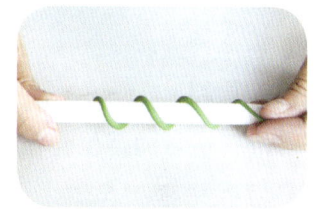

（4）用刻刀刻制酒杯装饰件。

 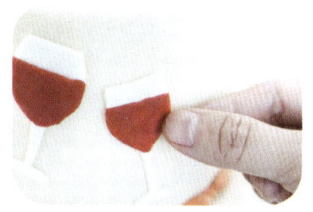

步骤3　完成制作。

多层卡通生日蛋糕的杏仁膏糖团装饰

操作准备

1. 设备工具

准备抹平器、刮板、硅胶模具、整形棒（一套）、花茎板、擀面杖、切模、刻刀、裱花袋等。

2. 原料

准备适量的杏仁膏糖团（多种颜色）、湿白帽糖团、蛋糕、糖粉、黄油膏等。

操作步骤

步骤1　完成蛋糕的杏仁膏糖团覆面，将覆好面的蛋糕从大到小依次叠放、组合，每层之间可用湿白帽糖团粘接。

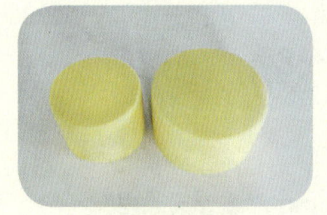

步骤2　进行围边装饰。

（1）将绿色杏仁膏糖团搓成条状装饰件，并将其围在底层蛋糕与中层蛋糕的接缝处，用整形棒在围边装饰件上压出花纹。

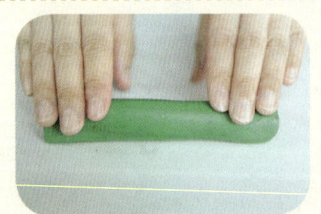

（2）将棕色杏仁膏糖团压入硅胶模具，脱模后形成栅栏形装饰条，将其围在中层蛋糕与顶层蛋糕的接缝处。

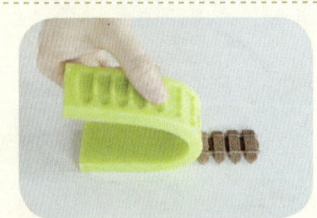

步骤3　将各种颜色的杏仁膏糖团擀平后用切模切出气球形装饰件，用清水将其粘接在顶层蛋糕的侧面；将湿白帽糖团装入裱花袋中，裱制气球线。

步骤4 用硅胶模具制作字母装饰件并进行粘接。

步骤5 制作猴子装饰件。

（1）用杏仁膏糖团捏制猴子的躯干。

（2）借助整形棒捏制猴子的四肢。

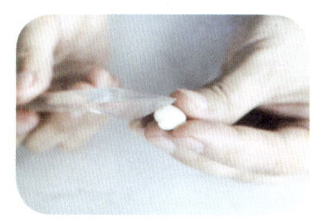

（3）将猴子的躯干与四肢进行组合。

（4）将杏仁膏糖团揉搓成猴子的头部。

（5）借助整形棒捏制猴子的面部。

（6）粘贴、刻画猴子面部的细节。

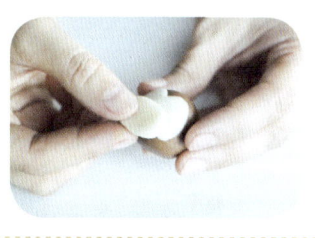

（7）制作猴子的鼻子并进行粘接。

（8）刻画猴子的嘴巴。

（9）用整形棒在猴子眼部杵孔。

（10）制作猴子的眼睛、眉毛并进行粘接。

（11）制作猴子的耳朵。

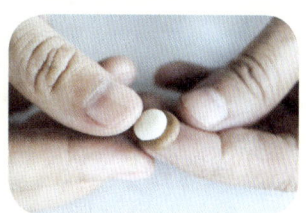

（12）将猴子的耳朵与头部进行组合。	（13）制作猴子的毛发。	（14）制作猴子的尾巴。

步骤6　完成制作。

培训单元3　巧克力糖团装饰

培训重点

掌握巧克力糖团的装饰方法和装饰注意事项
能够用巧克力糖团装饰多层艺术蛋糕

知识要求

一、巧克力糖团的装饰方法

1. 准备工作

一般需要先调色，并准备相应尺寸的模具备用。

2. 装饰过程

（1）将巧克力糖团擀平后进行覆面、叠加、组合多层蛋糕。

（2）制作围边装饰件。

（3）捏制花卉类装饰件。一般先用手搓一个水滴形花心，然后在花茎板上用切模在巧克力糖皮上切出花瓣，最后将花瓣一层一层地贴在花心周围。

二、巧克力糖团的装饰注意事项

1. 由于巧克力中的可可脂对温度要求很高，因此要注意操作时的环境温度和操作后的储存温度。

2. 在用模具制作巧克力糖团装饰件时，可使用巧克力急速冷冻剂辅助定型，以方便脱模。

技能要求

多层圣诞蛋糕的巧克力糖团装饰

操作准备

1. 设备工具

准备抹平器、刮板、纹路棒、直尺、滚轮刀、硅胶模具、花茎板、擀面杖、镊子、整形棒（一套）等。

2. 原料

准备巧克力糖团（多种颜色）、湿白帽糖团、蛋糕、糖粉、巧克力急速冷冻剂、黄油膏等。

操作步骤

步骤1　完成蛋糕的巧克力糖团覆面，将覆好面的蛋糕从大到小依次叠放、组合，每层之间可用湿白帽糖团粘接。

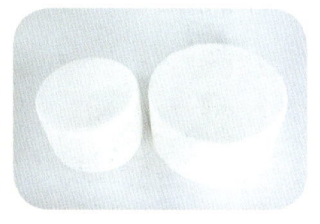 

步骤2　制作中层蛋糕与底层蛋糕接缝处的围边装饰条。

（1）将巧克力糖团擀平后用纹路棒按压出花纹。

（2）借助直尺切条。

（3）将围边装饰条粘接到蛋糕上。

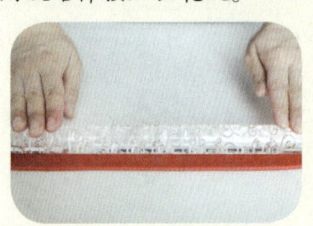

步骤3　制作装饰条带。

（1）将绿色、红色巧克力糖团分别搓成粗条后擀平。

（2）用滚轮刀切出装饰条带。

（3）将装饰条带粘接到蛋糕上。

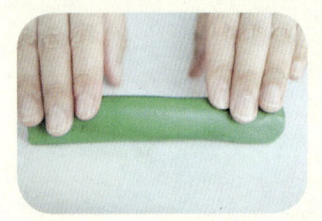
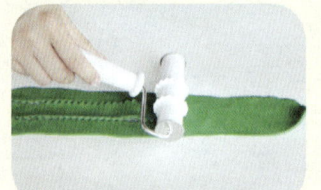

步骤4　借助整形棒制作顶层蛋糕与中层蛋糕接缝处的围边装饰条。

步骤5　用硅胶模具制作圣诞元素装饰件。

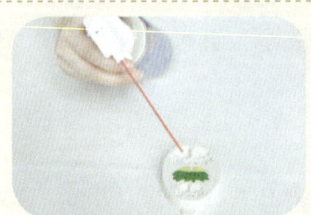

步骤6　制作圣诞花装饰件。

（1）将绿色、红色巧克力糖团分别擀平。

（2）用切模分别制作圣诞花的叶子和花瓣。

（3）组合叶子。

（4）在两层叶子上方摆放两层花瓣。	（5）借助镊子和模具使圣诞花具有立体感。	（6）用圣诞花装饰蛋糕。
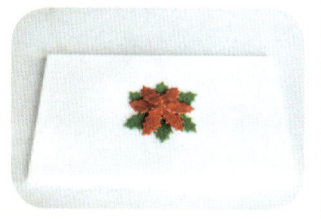		

步骤7　完成制作。

多层情人节蛋糕的巧克力糖团装饰

操作准备

1. 设备工具

准备抹平器、刮板、硅胶模具、钢球棒、花芯板、擀面杖、刻模、切模、海绵垫等。

2. 原料

准备巧克力糖团（多种颜色）、湿白帽糖团、蛋糕、糖粉、巧克力急速冷冻剂、黄油膏等。

操作步骤

步骤1　完成蛋糕的巧克力糖团覆面，将覆好面的蛋糕从大到小依次叠放、组合，每层之间可用湿白帽糖团粘接。

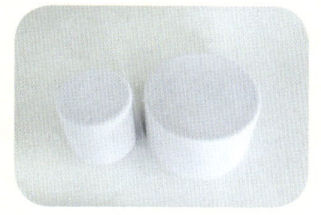 

步骤2 制作花式围边装饰件。

（1）将巧克力糖团擀平，用刻模刻制花式糖皮。
（2）脱模。
（3）在海绵垫上用钢球棒按压花式糖皮使其边缘翘起。

（4）将花式糖皮对折。
（5）将对折后的花式糖皮进行不规则折叠。
（6）用花式围边装饰件对底层蛋糕与中层蛋糕的接缝处进行装饰。

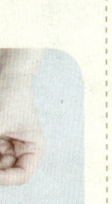

步骤3 用硅胶模具制作带状装饰件。

步骤4 用硅胶模具压制花朵装饰件。

步骤5 制作玫瑰花装饰件。

（1）将巧克力糖团捏制成水滴状花心。
（2）将巧克力糖团擀平，用切模刻制出花瓣。
（3）用花瓣一层一层地包裹花心。

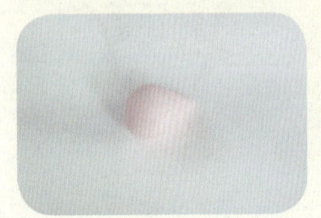

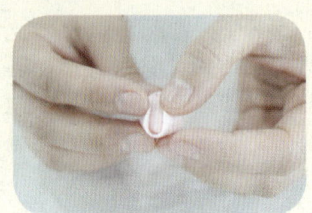

(4)边包裹边调整花瓣的姿态。	(5)用切模压制出叶片。	(6)将玫瑰花与叶片进行组合,并用湿白帽糖团将其粘接在顶层蛋糕表面。

步骤6　完成制作。

注意事项

1. 花式围边装饰件制作好后要及时粘贴在蛋糕上,否则它会很快干裂,影响装饰效果。

2. 用花瓣包裹花心时,第一层花瓣必须略高于花心。

职业模块 5
艺术造型面包的制作

内容结构图

- 艺术造型面包的制作
  - 艺术造型面包的设计
    - 按主题要求设计艺术造型面包
    - 主题面包的设计说明书
  - 艺术造型面包面团的调制
    - 艺术造型面包面团的种类和特点
    - 艺术造型面包面团的调制方法和注意事项
  - 艺术造型面包面团的成型与醒发
    - 艺术造型面包面团的成型
    - 艺术造型面包面团的醒发
  - 艺术造型面包的成熟
    - 无糖无油面包的成熟
    - 起酥面包的成熟
    - 不发酵类艺术造型面包的成熟
  - 艺术造型面包的组合与摆台
    - 艺术造型面包的组合
    - 艺术造型面包的摆台

培训项目 1 艺术造型面包的设计

培训单元 1　按主题要求设计艺术造型面包

了解艺术造型面包的概念
掌握主题艺术造型面包的设计要求

一、艺术造型面包的基本知识

1. 艺术造型面包的概念

任何产品和艺术创造之间都有着难以割舍的关系,这一点在所有领域是相通的。面包师每天制作主食面包时在已有花色造型基础上做一些艺术创造,就逐渐形成了艺术造型面包。

艺术造型面包按造型分为立体造型和平面造型两类,按制作工艺分为发酵和不发酵两类。融合了雕塑美术工艺的立体或平面艺术造型面包的制作,逐渐演变为竞技类的面包制作项目。用不发酵面团制作的艺术造型面包虽然不似普通面包那般柔软,但可以表现出造型的线条和棱角。

艺术造型面包赋予面包本身一种艺术生命力。

2. 艺术造型面包的发源地

艺术造型面包究竟起源于何时何地是无从考证的，现代艺术造型面包是在人类制作面包的漫长历史中逐渐形成的。

面包制作源于古埃及，古埃及人先是将小麦磨碎煮成粥，后来慢慢演变成将小麦磨成粉烤成面饼，偶然发现了发酵现象，后经不断地尝试、优化，古埃及人熟练掌握了发酵方法，便有了膨松的发酵面包，这项制作工艺后来传到欧洲。在这一过程中，人们从追求温饱到逐渐开始研究更优质、可口的面包，而艺术造型面包的萌芽就是在这一时期产生的。

3. 艺术造型面包的用途

（1）用于庆祝各种活动。从烘焙历史上看，随着时代变迁，丰富多样的面包造型出现了，其中很大一部分造型与人们的丧葬文化、宗教活动等有着密切的联系。

例如，欧洲曾有在陪葬品中放入女性辫子的习俗，后来逐渐演变成利用辫子面包来代替女性辫子。又如，在宗教仪式中，面包常被作为祭品代替活物供奉给神灵。

（2）用于考察制作者的烘焙技术和艺术才能。在有着悠久面包食用史的欧洲，大型的主食面包在店里既是售卖品，又是一种装饰。店家在制作和陈列面包时往往费尽心思，不仅考虑如何让消费者愉快地购物，还展示了该店面包师的烘焙技术。

在一些欧洲国家，面包师的考核试题之一就是"装饰面包"，即在面包制作完成后，要使用装饰技术赋予其附加价值，这是面包师必须具备的艺术才能。面包制作和其他食品制作行业一样，只需要做出一个形状的时代早已过去，现在要求面包师从文化传承的角度出发，将面包的文化艺术性表达出来，肩负起传承文化的责任。

（3）用于竞技比赛。很多艺术造型面包是在各类面包烘焙比赛中展现的，它是西式面点师技艺的体现。为青年西式面点师提供技艺展示舞台的比赛主要有两年一届的"世界技能大赛"（烘焙项目）、四年一届的"烘焙世界杯"等。2017年，我国青年选手在阿布扎比"第44届世界技能大赛烘焙项目"中获得金奖；2020年，在法国巴黎举行的"第8届烘焙世界杯全球总决赛"中，中国队获得冠军。

二、主题与主题艺术造型面包的概念

节日、纪念日、活动、各类比赛等都是有主题的。第 44 届世界技能大赛在阿拉伯联合酋长国的首都举行,因此烘焙项目中国选拔赛的比赛主题设计为"一千零一夜"(源于阿拉伯民间故事集《一千零一夜》),参赛选手围绕"一千零一夜"这个主题,各自创作艺术造型面包作品。

主题又称主旨、题旨或主题思想,是指通过艺术形象来表现和揭示主题思想的内涵。在制作主题艺术造型面包(简称主题面包)时,制作者要将主题本身所具有的意义加以提炼、概括和升华,再用作品将主题思想体现出来,其作品是凝聚了制作者对社会生活的理解、思考与评判的。常见的主题面包有复活节的十字面包(在耶稣受难日这天食用)、万圣节的南瓜造型面包、圣诞节的圣诞树造型面包等。

注意,题材与主题是有区别的。题材是主题的基础,主题又是题材的提炼、概括与升华。主题面包与其他艺术作品一样,其主题是整个作品的灵魂,经过主题的凝聚,题材不再是零星的片段,而成为统一的整体。

三、主题艺术造型面包的设计要求

1. 中心思想

一件优秀的主题面包作品之所以有较高的艺术魅力和生命力,是因为其制作者善于捕捉自然界美的瞬间并能进行艺术加工。该作品既不是自然美的复刻,也不是对他人作品的模仿,而是经过制作者精心创作,具有独特个性和表现力的作品。

2. 基本结构

(1)水平型结构。水平型结构作品的设计强调横向延伸,即中央稍微隆起,左右两端则为优雅的曲线设计。水平型结构作品的最大特点是能从任意角度欣赏。

(2)三角型结构。三角型结构作品可以搭配成正三角形、等腰三角形或不等边三角形,其外形简洁、安定,给人以均衡、稳定、庄重的感觉,多用于典礼、开业等隆重场合,豪华气派。

(3)垂直型结构。垂直型结构作品整体上是垂直向上的造型,给人以向上延伸的感觉,适合放置在高而窄的空间。

3. 颜色

一件完美的主题面包作品，其颜色应以焦黄色占比最大，而其他配色总比例不宜超过30%。若全部用均匀调色的面团进行搭配，就忽略了面包的烘烤本质，经过烘烤无法展现面包的自然色。

4. 原料

在设计主题面包时要考虑所用原料的特点，主题面包所用原料不同于糖艺造型作品和巧克力艺术造型作品。主题面包以面粉为主料，它的凝固性、流动性比糖浆、液态巧克力差很多，所以主题面包的形态不宜过于精细、复杂，否则配件易断裂、组合较困难。

主题面包的制作不能采用非食用原料，所以在设计时不要考虑用金属、塑料、纸张等进行装饰。

培训单元2　主题面包的设计说明书

了解主题面包设计说明书的基本知识
掌握主题面包设计说明书的编制要求
能够编制主题面包设计说明书

一、主题面包设计说明书的基本知识

1. 主题面包与设计说明书的关系

主题面包一般由发酵类面包产品、不发酵类面包产品和艺术造型面包产品组合而成。制作主题面包时需要先进行设计，把活动名称、主题名称、工器具清单、产品配方、工艺流程、产品标准及特点、产品效果等编写成文本并制作成册，形成主题面包的设计说明书。

2. 设计说明书的重要性

在各种主题活动及烘焙比赛中，主题面包的设计说明书是预先设计好并呈现给活动举办者及评委的重要文件，它往往具有先入为主的作用，因此制作者应予以重视。

设计说明书是制作者在现场进行操作、制作面包的依据，根据预先的设计，制作者应按设计说明书制作产品，并努力做到设计与产品基本一致。在很多场合，设计说明书又称作业书。第46届世界技能大赛烘焙项目上海选拔赛的作业书首页如图5-1所示。

第 46 届世界技能大赛

烘焙项目上海选拔赛

作　业　书

参赛选手姓名

参赛选手出生年月

图5-1　作业书首页

3. 设计说明书的要素

（1）活动名称。一般将活动名称放在设计说明书的首页，这一页的其他内容有举办者、参赛选手或制作者个人信息等。

（2）主题名称。很多活动或比赛都会确定一个主题。主题往往是一个比较大的概念，制作者可以将主题具体化。例如，某一世界级面包大赛"艺术面包"项目的主题是"自然景色"，参赛选手制作了一个名为"荷塘月色"的主题面包，既符合了大主题，又让人产生一种自然美景的想象，非常新颖。

（3）工器具清单。制作面包必然会用到工器具，特别是艺术造型面包的制作，要比一般的面包用到更多的工器具，甚至不少制作者还会自行设计、制作模具，使产品更具雕塑之美。在设计说明书中要有烘焙项目自备工器具清单，这是保证制作者顺利制作产品的重要武器。一般烘焙项目自备工器具清单格式见表 5-1。

表 5-1　烘焙项目自备工器具清单

序号	工器具名称	数量
1		
2		
3		
4		

（4）产品配方。产品配方又称产品配料表，每款面包都有其独特的配方。产品配方包含了制作面包所用原料的名称、重量、烘焙百分比。布里欧修面包的产品配方见表 5-2。

表 5-2　布里欧修面包的产品配方

原料名称	重量	烘焙百分比
高筋粉	504.0 g	100.0%
白砂糖	76.0 g	15.1%
鸡蛋	76.0 g	15.1%
牛奶	220.0 g	43.7%
盐	9.0 g	1.8%
酵母	8.0 g	1.6%
黄油	176.0 g	34.9%
总计	1 069.0 g	212.2%

烘焙百分比是判断面包各原料用量是否合理的重要指标。例如，若盐的烘焙百分比超过 2%，则会阻碍面团发酵，并对口味产生不利影响。又如，若黄油的烘焙百分比未超过 30%，就可以判断出这款布里欧修面包的品质是不符合基本要求的。

各原料的重量总和也是判断面团总重量与成品数量、重量是否符合标准的重要指标。例如，制作5根250 g的传统法棍面包，考虑面团的烘烤损耗，面团总重量若低于1 600 g肯定是不合理的。

（5）工艺流程。面包制作具有复杂的工艺流程，具体包括搅拌方式、成型方式和醒发的温度控制、湿度控制、时间控制，以及烘烤的温度要求、时间要求等。工艺流程的编写要符合操作顺序。某产品的工艺流程如图5-2所示。

工艺流程
1. 将原料（除黄油外）慢速搅拌，直至面团生成六七成面筋。
2. 分次加入黄油，搅拌成有筋力的面团；将面团在室温下静置20 min，再放入冰箱冷藏。
3. 面团回温后按需分割成34 g和42.5 g的面团，揉圆。
4. 将面团搓成梭状长条，编成辫子造型。
5. 将辫子面包坯放在28 ℃的醒发箱内醒发90 min左右（湿度为80%）。
6. 进行烘烤（上火200 ℃，下火190 ℃），时间约16 min。

图5-2　某产品的工艺流程

（6）产品标准。面包的制作要求包括做哪种面包，做多少个面包，单个面包做多大、多重等。在设计说明书中，产品标准是指产品的造型种类、数量、重量等方面的要求。花色欧式面包的产品标准如图5-3所示。

产品标准
造型种类：花色欧式面包造型2种。
数量要求：每种造型面包各3个。
产品重量：200 g/个。

图5-3　花色欧式面包的产品标准

（7）产品特点。产品特点又称产品特性，不同种类的面包具有各自独特的形状特点、质地特点、口味特点等。其中，形状特点必须符合主题特点，也需要符合文化特点、宗教特点。在设计说明书中需要用文字来阐述产品特点，这是判断主题面包是否符合任务要求（见图5-4）的重要依据。

（8）产品效果。主题活动或比赛对预先设计的产品与最后呈现的产品是有一致性要求的。制作符合预先设计的产品是制作者工作能力的重要体现，最常见的是采用彩色图片把产品效果呈现在设计说明书里，如图5-5所示。

模块F：艺术面包

一、竞赛时间8 h（艺术面包的制作必须在竞赛开始后480 min内完成）

二、竞赛任务及要求

- 以"海洋"为主题制作一个艺术造型面包
- 高度不得低于60 cm、不得高于80 cm，底座不得超过60 cm×60 cm
- 必须使用两种以上的面团
- 必须使用发酵面团
- 可以使用食用色素
- 可以适当使用模具但越少越好

图5-4 任务要求

"海洋世界"艺术造型面包

图5-5 产品效果

二、主题面包设计说明书的编制要求

1. 格式要求

（1）艺术性。设计说明书的设计应符合一定的艺术性要求，要呈现给阅读者一种美感，要在整体上具有设计感，其文字表述应规范、字体大小应统一、图片清晰度应良好、表格设计应美观。一般不建议采用打印、装订很奢侈的设计说明书。

（2）完整性。设计说明书应具有完整的文本，在装订方面既可以选择装订式也可以选择活页式。活页式要有活页夹固定，方便翻阅。

设计说明书的完整性还体现在每一项内容和格式也要完整，不缺项，不用"无"表示某一项没有具体内容。

2. 一致性要求

（1）与实物的一致性。产品配方、产品标准（包括数量、重量等要求）、产品效果是制作者在设计说明书上有明确描述及呈现给大家的，故应严格按设计说明书制作产品。

（2）与工艺流程的一致性。产品质量与工艺流程有相关性，应按预先设计的工艺流程进行操作。在评价制作者水平时，要明确是工艺流程正确但最终产品有欠缺，还是实际工艺流程与预设不一致导致的制作失败。

编制主题面包设计说明书

操作准备
准备计算机、笔、纸、计算器等。

操作步骤

步骤1　确定主题名称
阅读并研究任务要求，确定主题名称（以第46届世界技能大赛上海选拔赛艺术面包任务要求为例）为"海洋世界"。

步骤2　确定工器具清单
根据任务要求填写"烘焙项目自备工器具清单"，见表5-3。

表5-3　烘焙项目自备工器具清单

序号	工器具名称	数量
1	设计说明书	1本
2	烤盘	10个
3	波浪盘	3个
4	网架	2个
5	电子秤	1个
6	称料盆	5个
7	量杯	2个
8	称料盒	10个
9	包面袋	10个
10	塑料刮板	1个
11	铁刮板	1个
12	发酵布	2张
13	耐烤布	4张
14	法棍整形刀	1把
15	法棍转移板	1个

续表

序号	工器具名称	数量
16	标签纸	2张
17	笔	1支
18	食品温度计	1个
19	计时器	1个
20	面粉筛	1个
21	筛粉模具	2个
22	擀面杖	1根
23	裱花嘴	1个
24	裱花袋	1个

步骤3　编制产品配方

（1）确定每个产品所用原料的名称和烘焙百分比，见表5-4（以布里欧修辫子面包为例）。

表5-4　布里欧修辫子面包的原料名称和烘焙百分比

原料名称	重量	烘焙百分比
高筋粉		100.0%
白砂糖		15.1%
鸡蛋		15.1%
牛奶		43.7%
盐		1.8%
酵母		1.6%
黄油		34.9%
总计		212.2%

（2）确定面团的总重量，见表5-5。

表5-5　布里欧修辫子面包的面团总重量

原料名称	重量	烘焙百分比
高筋粉		100.0%
白砂糖		15.1%
鸡蛋		15.1%

续表

原料名称	重量	烘焙百分比
牛奶		43.7%
盐		1.8%
酵母		1.6%
黄油		34.9%
总计	1 069.0 g	212.2%

（3）根据烘焙百分比计算各原料的重量，见表5-6。

表5-6 布里欧修辫子面包各原料的重量

原料名称	重量	烘焙百分比
高筋粉	504.0 g	100.0%
白砂糖	76.0 g	15.1%
鸡蛋	76.0 g	15.1%
牛奶	220.0 g	43.7%
盐	9.0 g	1.8%
酵母	8.0 g	1.6%
黄油	176.0 g	34.9%
总计	1 069.0 g	212.2%

步骤4 编写工艺流程

确定产品的工艺方法，编写工艺流程，可参考图5-2。

步骤5 确定产品标准及特点

按客户需求确定产品标准及特点，如图5-6所示。

产品标准及特点
造型种类：辫子造型2种（四股辫子面包和五股辫子面包）。
数量要求：每种造型面包各制作3个。
产品重量：150 g/个。
产品特点：形态美观，外皮金黄酥脆，内部组织柔软。

图5-6 确定产品标准及特点

步骤6 呈现产品效果

按客户需求确定产品的最终效果，可使用原有产品的图片或拍摄新款产品的图片，如图 5-7 所示。

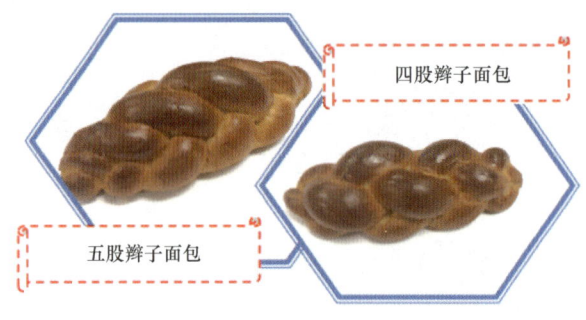

图 5-7　呈现产品效果

步骤 7　进行文本编辑

用计算机对电子文档进行编辑及美化。

步骤 8　打印及装订

打印及装订设计说明书并进行确认。

注意事项

1. 注意配方的准确性

配方的准确性是面包能否制作成功的关键。设计说明书是制作者进行配料的依据，所以配方的准确性显得尤为重要。有时，不同品牌原料的使用性能会有所差异，这就要求制作者选用合适的原料，并保证配方中各原料烘焙百分比的准确性。

2. 注意工艺流程的准确性

工艺流程各环节是制作产品时进行时间控制和成本控制的重要节点，工艺流程一旦确定是不能轻易更改的。

培训项目 2　艺术造型面包面团的调制

培训单元 1　艺术造型面包面团的种类和特点

熟悉艺术造型面包面团的种类
了解艺术造型面包面团的特点

一、艺术造型面包面团的种类

1. 发酵类面包面团

（1）无糖无油面包面团。无糖无油面包面团的配方中不含或含极少量的糖和油脂。无糖无油面包的主要原料有面粉、水、酵母和盐，除此之外还可以添加全麦粉、杂粮粉等。这类面包的特点是颜色呈淡褐色，质地比较粗糙，但营养价值比一般的软质面包更高。常见的无糖无油艺术造型面包有法式长棍面包、花色法棍面包（见图 5-8）、法式造型面包（见图 5-9）等。

制作艺术造型面包作品时，常用各种造型的无糖无油面包配合主题面包，组合成一组完整的、可以用于展示的展台面包。

图5-8 花色法棍面包　　　　图5-9 法式造型面包

一些比赛往往会对发酵类面包在作品中的使用比例做出要求,其中,无糖无油面包的使用比例是最大的。

(2)起酥面包面团。起酥面包面团一般由两种面团组成,一种是由面粉、糖、水、酵母、油脂、鸡蛋、盐等调制而成的发酵面团,另一种是酥皮油或油脂面团。制作时先用发酵面团包裹酥皮油或油脂面团,然后对其进行擀制、折叠、整形,最后制成起酥面包坯。常见的起酥艺术造型面包有可颂面包(见图5-10)、丹麦面包(见图5-11)等。可颂面包一般具有特定的羊角造型或牛角造型,因而又称羊角起酥面包或牛角起酥面包,其角的造型可以是弯的也可以是直的。丹麦面包的花色造型较多,具有较高的观赏性。

图5-10 可颂面包　　　　图5-11 丹麦面包

制作艺术造型面包作品时,同样常用各种造型的起酥面包配合主题面包,组合成一组完整的、可以用于展示的展台面包。

(3)高糖高油面包面团。高糖高油面包面团配方中糖、油脂的烘焙百分比较高,其他原料有面粉、水、酵母、鸡蛋、黄油、盐等。这类面包外皮呈金黄色、具有酥脆口感,内部组织超级柔软、入口即化。典型的高糖高油艺术造型面包是布里欧修(brioche 的译音)面包,如图5-12所示。布里欧修面包是一种法式面包,在制作的时候不加水而加牛奶。在西点行业里,布里欧修面包所用黄油的烘焙百分比一般不少于30%,否则就不是优质的布里欧修面包。

图5-12 布里欧修面包

 **相关链接**

低糖低油面包面团

低糖低油面包面团的配方中含有少量的糖和油脂,其中糖的烘焙百分比一般低于6%,油脂的烘焙百分比也不高于10%。

非常著名的意大利佛卡夏(focaccia 的译音)面包(又称香草橄榄油面包)就属于低糖低油面包,如图5-13所示。佛卡夏面包面团一般用橄榄油调制,其含水量较大,西式面点师通常会在烘烤前用刀在面包坯表面划几刀,或用手指按几下,以释放其表面的一些小气泡。佛卡夏面包趁热蘸着橄榄油吃口感是最佳的。

图5-13 佛卡夏面包

2. 不发酵类面包面团

不发酵类面包面团是艺术造型面包制作中最主要的面团,一般使用比例在80%以上。

不发酵类面包面团（又称死面）就是配方中不含酵母的面团，常用糖浆来代替水，其黏性更大且不会发酵膨胀，经烘烤后会变硬而不会变形，更便于做艺术造型。

用不发酵类面包面团制得的面坯在烘烤成熟后具有承重力强、线条流畅、图案清晰的特点，因而常用来制作艺术造型面包的各类配件，如花卉造型配件（见图5-14）、动物造型配件（见图5-15）、人物造型配件（见图5-16）等。

图5-14　花卉造型配件

图5-15　动物造型配件

图5-16　人物造型配件

不发酵类艺术造型面包配件的制作一般要经过配料、面团调制、面团松弛、面坯擀制、面坯刻制、手工造型或模具造型、烘焙成熟等工序，做好后的配件要根据设计图进行粘接。可以在不发酵类面包面团中加入食用色素、可可粉等，以调成彩色面团。

在对不发酵类面包面团做造型时会用到大量的模板，制作各种模板是制作艺术造型面包的重要环节。形态完美的艺术造型面包离不开模板的用心设计、制作和正确使用。可以利用模板刻制面坯，如图5-17所示；可以用面坯包裹模具，如图5-18所示。

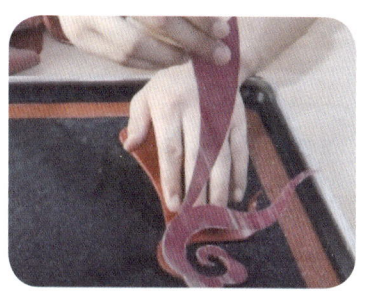
图 5-17 利用模板刻制面坯

图 5-18 用面坯包裹模具

二、艺术造型面包面团的特点

1. 发酵类面包面团的特点

发酵类艺术造型面包的制作难度体现在形态一致性上,特别是在一些竞技类比赛面包项目中,同款产品的重量、外形、长短的一致性是考核的重要指标。法式长棍面包在长短、刀口等方面的一致性比较如图 5-19 所示。

2. 不发酵类面包面团的特点

(1)形态逼真。不发酵类面包面团易塑形,能制作出形态逼真的艺术造型面包。技艺高超的西式面点师能创作出具有一定空间感的可视、可触的艺术造型面包作品。

(2)注重细节。例如,花卉中花瓣的纹理、动物的毛发(呈细丝状)、人物传神的眼神等细节都应反映在艺术造型面包中,而只有不发酵类面包面团才能做到这点,这是发酵类面包面团所不能比的。

3. 发酵类面包面团与不发酵类面包面团的组合特点

在制作艺术造型面包作品时,一个造型可以由两种不同性质的面团共同组合,以使造型更生动、更有吸引力。例如,在制作一朵面包花(见图 5-20)时,花瓣使用不发酵类面包面团,花蕾使用发酵类面包面团且用玉米碎进行装饰,这样的组合就得到了非常逼真的效果。

图 5-19 法式长棍面包的一致性比较

图 5-20 面包花

培训单元2　艺术造型面包面团的调制方法和注意事项

掌握艺术造型面包面团的调制方法
了解艺术造型面包面团的适用范围
能够调制艺术造型面包面团

一、艺术造型面包面团的调制方法

1. 发酵类面包面团的调制方法

（1）无糖无油面包面团的调制。艺术造型面包更多的是强调观赏性，不需要更好的质地及口感，因此，一般无糖无油面包面团采用直接发酵法进行调制。

（2）起酥面包面团的调制。用于搭配主题面包的起酥面包一般是单个的，其调制方法与普通的起酥面包是一致的，一般用发酵面团包裹酥皮油或油脂面团，经擀压、折叠（重复多次）进行调制。

（3）高糖高油面包面团的调制。这类面团的调制方法与一般的甜面团调制方法有较大的区别，高糖高油面包面团中黄油的用量一般都占面粉的30%以上，黄油遇热容易软化，所以搅拌高糖高油面包面团时搅拌机的速度应设置为低速，黄油也应分次添加。

2. 不发酵类面包面团的调制方法

不发酵类面包面团的调制方法按面团种类可分为常温糖浆面团的调制方法和烫面糖浆面团的调制方法。

（1）常温糖浆面团的调制方法。调制常温糖浆面团的要点是在面粉中加入冷却的糖浆。按颜色常温糖浆面团可分为白面团、彩色面团和黑面团三种。白面团的配方中没有食用色素或其他有色原料，彩色面团的配方中往往需要加食用色素，黑面团的配方中一般是加可可粉。

（2）烫面糖浆面团的调制方法。调制烫面糖浆面团的要点是先将水和糖加热煮沸，然后用热糖浆将粉类原料烫熟，应烫至充分糊化、无干粉的状态。

注意，不发酵类艺术造型面包的颜色不宜过多，彩色面团多数用在花卉等造型的制作中，其他造型一般都使用白面团制作。白面团经过烘烤后会呈现焙烤食品的自然色。

二、艺术造型面包面团的适用范围

1. 发酵类面包面团的适用范围

发酵类面包面团在主题面包制作中的使用比例一般不是很高，因为用这类面团制作的造型容易变形，不能起支撑作用，且无法进行精细制作，所以比较适合制作较大的单件制品，或者制作一些无精细结构的配件。发酵类面包面团制品在整体作品中更多是起点缀、装饰作用。

2. 不发酵类面包面团的适用范围

不发酵类面包面团在主题面包制作中的使用比例一般很高，由这类面团制作的配件一般起支撑作用，且具有逼真、不易变形的特点。因为不发酵类面包配件是主题面包的主要组成部分，所以需要花更多精力去设计、制作。

无糖无油面包面团的调制

操作准备

1. 设备工具

准备搅拌机、量杯等。

2. 原料

项目	原料名称	烘焙百分比
面团	高筋粉	70.0%
	低筋粉	30.0%
	干酵母	0.3%
	水	80.0%
	液态酵母	20.0%
	盐	2.0%

操作步骤

步骤1　按工艺要求将干性原料倒入搅拌缸。

步骤2　加入水后低速搅拌均匀。

步骤3　将搅拌机调至高速挡，继续搅拌。

步骤4　待形成光滑的筋性面团时将其取出，揉圆，静置，备用。

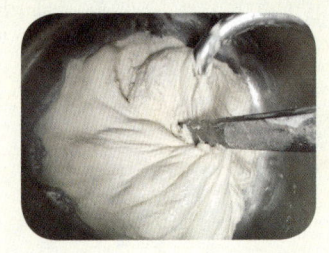

注意事项

1. 注意配方的准确性

一般情况下，配料时不要轻易改变配方要求的原料，但当原料品质不符合制作要求时需要变通处理。例如，当高筋粉筋力过高时，可适量添加低筋粉，以降低面团的弹性、韧性，提高面团的延伸性，促进面团发酵。

2. 注意控制搅拌速度

在用搅拌机搅拌面包面团时并不是速度越快越好，在搅拌初期应低速搅拌，因为此时高速搅拌会在面粉与水的接触面上快速形成面筋，会阻止其他原料溶于水中，即面团中会残留未完全水化的部分原料。

3. 注意控制面团温度

在搅拌无糖无油面包面团时要控制其温度，搅拌后面团的温度宜控制在25～26 ℃，这个温度范围有利于后续加工。

4. 注意控制搅拌时间

即使是在相同的条件下调制同种面包面团，搅拌时间也是不同的，因为影响因素太多。例如，盐的用量和加盐的时机，以及白砂糖、乳品、添加剂、杂粮粉等原料的用量，这些都会影响面筋的形成，从而影响搅拌时间。

起酥面包冷水面团的调制

操作准备

1. 设备工具

准备搅拌机、量杯、搅板等。

2. 原料

项目	原料名称	烘焙百分比
面团	高筋粉	70.0%
	低筋粉	30.0%
	白砂糖	13.0%
	盐	1.5%
	干酵母	1.8%
	牛奶	11.0%
	蛋液	11.0%
	水	33.0%
	黄油	9.0%

操作步骤

步骤1　按工艺要求将原料倒入搅拌缸（黄油除外），低速搅拌均匀。

步骤2　将搅拌机调至高速挡，搅拌至形成筋性面团（面筋基本形成）。

步骤3　加入黄油，中速搅拌均匀。

步骤4　取出冷水面团，揉圆，静置，备用。

注意事项

1. 注意配方的准确性

不同地区出产的面粉在吸水性方面有差异，因此配方中水的烘焙百分比应视情况进行调整，以保证冷水面团的硬度合适（擀制时不易回缩）。

2. 注意控制面团筋力

调制起酥面包的冷水面团时，一般不需要搅拌至面筋完全扩展阶段，只要抻开面团时有一层薄膜即可。另外，调整高筋粉与低筋粉的烘焙百分比可以控制冷水面团的筋力。

3. 注意控制面团温度

冷水面团搅拌后的温度一般控制在24～25 ℃。温度过高时冷水面团发酵过快，不利于面团的成型。

4. 静置时间应足够

在搅拌冷水面团时，面粉遇水会产生筋力，在进行后续加工（如重复压面等）时，其筋力会越来越大。因此，每次完成搅拌和压面操作的面团应静置足够的时间以充分松弛，否则在使面团成型时易出现断筋或收缩现象，影响成品效果。

职业模块5　艺术造型面包的制作

高糖高油面包面团的调制

操作准备

1. 设备工具
准备搅拌机、量杯、搅板等。

2. 原料

项目	原料名称	烘焙百分比
面团	高筋粉	50.0%
	低筋粉	50.0%
	白砂糖	16.0%
	干酵母	1.5%
	盐	1.5%
	牛奶	40.0%
	鸡蛋	20.0%
	黄油	30.0%

操作步骤

步骤1　按工艺要求将原料倒入搅拌缸（黄油除外），低速搅拌均匀。

步骤2　用中速和高速交替搅拌，直至少许面筋产生；将搅拌机调至低速挡，分次加入黄油，搅拌均匀。

步骤3　搅拌至面筋完全产生。

步骤4　取出面团，揉圆，静置，备用。

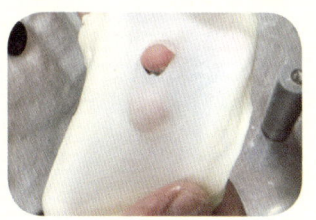

143

注意事项

1. 注意配方的准确性

如果配料中黄油的烘焙百分比不小于30%、白砂糖的烘焙百分比不小于7%，则调制出的是高糖高油面包面团。如果黄油的烘焙百分比达不到30%，则一般只能作为甜面团。

2. 应分次加入黄油

调制高糖高油面包面团时需要分次加入黄油，即将少量黄油与其他原料完全搅匀后再加入少量黄油。如果一次性加入黄油，则无法调制出完美的面团。

3. 注意控制面团温度

当面团温度超过24 ℃时，黄油易软化而不利于被面筋包裹，导致面团出油，不但会造成成型困难，而且会影响面包成熟后的光泽。

4. 注意控制搅拌速度

加入黄油后宜低速搅拌，因为搅拌速度过快会使面团升温，导致黄油软化，影响面团品质。

不发酵类面包面团的调制

操作准备

1. 设备工具

准备电磁炉、单柄锅、搅拌机、打蛋器、量杯、保鲜膜、食品温度计等。

2. 原料

项目	原料名称	烘焙百分比
面团	高筋粉/低筋粉/黑麦粉	100%
	白砂糖	44%
	水	26%

操作步骤

步骤1 将白砂糖和水放入单柄锅中用电磁炉加热,并用打蛋器进行搅拌,当白砂糖完全溶化成糖浆且沸腾至104 ℃时,关闭电磁炉,冷却备用。

步骤2 调制面团。

(1)白面团的调制。在搅拌缸中先加入面粉再加入冷却糖浆,低速搅拌,取出面团揉圆后用保鲜膜包裹,松弛30 min,备用。

(2)烫面糖浆面团的调制。将煮好的热糖浆倒入黑麦粉中搅拌,使黑麦粉充分糊化,形成无干粉状面团,取出面团冷却、揉圆后用保鲜膜包裹,备用。

注意事项

1. 糖浆准备的注意事项

调制白面团时常用高筋粉和低筋粉(搅拌时易产生筋力),如果加入热糖浆,会造成淀粉的糊化,只能得到黏稠而有弹性的面糊(不是理想的面团状态),因此应使用冷却的糖浆。

调制烫面糖浆面团时一般使用黑麦粉等没有面筋蛋白质的粉类原料,因为这些粉类原料的黏性是靠淀粉受热糊化产生的,所以应使用煮好的热糖浆。

2. 注意控制面团温度

白面团的调制不需要加入酵母,在常温下进行就可以(成团是靠冷却糖浆的黏性)。

烫面糖浆面团的调制同样不需要加入酵母(成团是靠淀粉的糊化,有一定温度要求),但是需要加入热糖浆。

培训项目 3

艺术造型面包面团的成型与醒发

培训单元 1　艺术造型面包面团的成型

熟悉艺术造型面包面团的手工成型方法
熟悉艺术造型面包面团的模具成型方法
能够使艺术造型面包面团成型

艺术造型面包面团的成型分为手工成型和模具成型。

一、艺术造型面包面团的手工成型

1. 手工成型方法

艺术造型面包面团的手工成型方法（又称成型手法）主要有剪（见图 5-21）、擀（见图 5-22）、切（见图 5-23）、编（见图 5-24）、绕（见图 5-25）、捏（见图 5-26）、刻（见图 5-27）、雕（见图 5-28）、刷（见图 5-29）等。

（1）剪。剪是指用剪刀将面团剪制成型。在无糖无油艺术造型面包的典型代表之一"麦穗花色法棍"的成型阶段，剪是最重要的成型手法。

（2）擀。擀是指用擀面杖将面团擀制成型。擀是最主要的成型手法，大部分艺术造型面包面团的成型都会用到。

图5-21 剪　　　图5-22 擀　　　图5-23 切

图5-24 编　　　图5-25 绕

图5-26 捏　　　图5-27 刻

图5-28 雕　　　图5-29 刷

（3）切。切是指利用刀具或其他工具（如刮板）对面团进行切割使其成型。艺术造型面包面团都非常柔软，利用刮板等对面团进行切割也是普遍采用的成型手法。

（4）编。编是指将细长条状面坯交叉地编起来使其形成各种造型。辫子面包和花篮面包就是利用编的成型手法制作的典型艺术造型面包品种。其中，辫子面包可以取2~8股面坯进行编制，造型各异、难度各异，是各种烘焙比赛的保留项目。

（5）绕。绕是指将细长条状面坯绕制成型。由不发酵类面包面团制作的配件常采用这种成型手法。

（6）捏。捏是指用双手将面团捏成各种形状。捏是制作植物造型、动物造型、人物造型等面包配件时经常采用的一种成型手法。

（7）刻。刻是指利用各种形状的刻制模具对面坯进行刻制使其成型。刻是制作人物造型、动物造型、建筑造型、几何图案造型等面包配件时经常采用的一种成型手法。

（8）雕。雕是指用刀具在面团上雕出造型。艺术造型面包中有凹凸感的造型一般是雕出来的。

（9）刷。刷是指用毛刷在艺术造型面包表面刷蛋液、水、糖水、光亮剂等，目的是使面包在烘烤成熟后表面产生光亮感，或便于粘贴其他装饰原料。

2. 手工成型要求

（1）熟练性。手工成型方法的应用对制作者的技能要求较高，需要制作者熟练掌握操作技巧。制作者的熟练程度不够，面团会在成型过程中发酵，而且面团会因水分散失较多而变硬，这些都会造成操作困难。

（2）一致性。由手工成型方法制得的面包的最大亮点是同类造型作品外观是相同的，而要做到外观一致性就需要制作者具有较高的技能水平。在各类比赛的烘焙项目中，发酵类艺术造型面包外观的一致性是考验选手水平的重要指标。

（3）艺术性。艺术造型面包是要讲究艺术性的，制作者要将其做成一件艺术品，因此要具有一定的艺术修养、想象力和动手能力。

二、艺术造型面包面团的模具成型

1. 模具的选择

制作艺术造型面包时会选择一些模具使面团成型，特别是在制作植物、动物、人物等造型时，运用模具制得的作品会更逼真。

制作艺术造型面包的模具有通用模具（见图 5-30）、定制模具（见图 5-31）、自制模具（见图 5-32）等。

图 5-30　通用模具

图 5-31　定制模具　　　　图 5-32　自制模具

（1）通用模具。用厂商生产的各种形态的通用模具制作艺术造型面包是非常方便的，西式面点师只需挑选合适的模具即可，但只能制作比较常见的造型。

（2）定制模具。对于一些比较复杂、特殊的造型，西式面点师一般不选择通用模具，而是提供设计图、委托厂商定制特殊形状的模具。定制模具有精致、材质好、标准性高等优点，但也存在生产周期长、不能调整设计、制作成本高等缺点。

（3）自制模具。艺术造型面包有一个在制作时可能需要改变原设计的特点，改变原设计就有改变模具形状、用途等问题，这时西式面点师就需要自己动手制作模具。制作自制模具是艺术造型面包制作的重要环节，也是除了面包制作技能以外西式面点师应具备的另一项技能。

2. 模具的要求

（1）模具材质的要求。制作艺术造型面包使用的模具与制作巧克力制品、糖艺制品使用的模具有很大区别，这种模具是需要同面包坯一起烘烤使其定型的，因此硅胶模具、金属模具是比较适合的。

1）硅胶模具。艺术造型面包的大小与造型复杂程度决定了应选择何种硅胶模具。例如，在做小件产品或花纹比较复杂的产品时，不可以选用硬度较大的硅胶来开模（硅胶太硬制成的模具在翻折时易折断），同样不可以选用硬度较小的硅胶来开模（硅胶太软则会出现定型困难的问题），应选用硬度适中的硅胶。

2）金属模具。一般选择较软的、易于翻折的马口铁（镀锡铁）等制作金属模具。金属模具既具有金属本身硬质、不变形的特点，又具有可以根据需要随时搭配、调整形状的特点。常用打孔的金属板制作模具，这种模具的特点是在烘烤时受热快、不易使面包坯起泡，但会在产品上留有小凸点。

（2）模具实用性的要求。制作艺术造型面包所用的模具可以是定制的，也可以是自制的，但都应具有实用性。

实用的模具往往无处不在，如细腻的面粉就有定型作用。如图5-33所示，将面粉平铺在烤盘内，将成型的花瓣状面包坯放在面粉上，面粉的使用有利于烘烤出形态各异的花瓣。

图5-33　面粉的定型作用

法式造型无糖无油面包面团的成型

操作准备

1. 设备工具

准备冰箱、醒发箱、发酵布、电子秤、刮板、擀面杖、烤盘、刻刀、分刀、模具（金属刻模、自制模板）、毛刷、筛网等。

2. 原料

准备适量的无糖无油面包面团、少量的橄榄油和干面粉。

操作步骤

步骤1　将无糖无油面包面团放入醒发箱中，从四周向内部折叠面团使其表面光滑、饱满，发酵30 min左右。

职业模块 5　艺术造型面包的制作

步骤 2　用刮板分割面团。

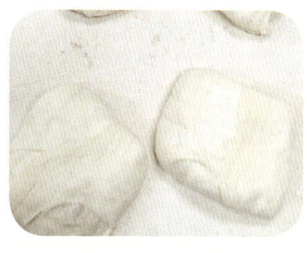

步骤 3　按设计要求称出标准重量的面团。

步骤 4　将面团整形后放在发酵布上，在室温条件下松弛 30 min 左右。

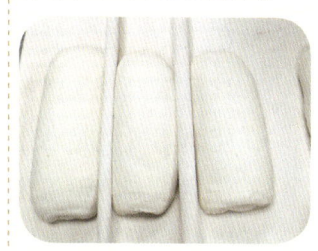

步骤 5　将一块面团用擀面杖擀成 0.2 cm 厚的薄面皮，用烤盘盛装后放入冰箱冷冻。

步骤 6　取出冷冻好的薄面皮，将自制模板放在薄面皮上，沿其轮廓刻制花色面皮。

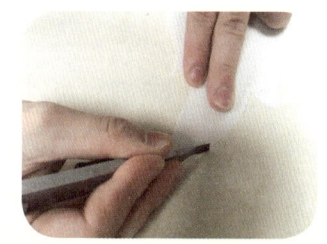

步骤 7　将另一块面团的一端擀薄，用金属刻模（圆形）将其边缘刻成锯齿状。

步骤 8　在锯齿状边缘刷少量橄榄油。

步骤 9　将有锯齿边缘的薄面坯翻折后盖在面坯的另一端上。

步骤 10　用分刀将面坯切割成所需的形状。

步骤 11　将自制模具盖在面坯表面，将过筛的面粉均匀地撒在自制模具镂空处的面坯表面，完成作品。

注意事项

1. 环境条件应适宜

在无糖无油面包面团的成型阶段,可将其放在发酵布上进行操作,这样面团不会粘在操作台上。制作面包时,木质操作台要比不锈钢操作台好。

2. 注意控制成型的操作时间

在使面团成型时动作要迅速,也就是说面团不宜久置于操作台上。

3. 注意控制环境温度

环境温度不宜过高,否则面团发酵过快、成型后易变形,影响成品质量。

花色起酥面包面团的成型

操作准备

1. 设备工具

准备起酥机、冰箱、擀面杖、刮板、毛刷、塑料膜、酥皮刀、直尺、烤盘等。

2. 原料

准备适量的冷水面团、酥皮油、黄油、食用色粉和少量的蛋液。

操作步骤

步骤1 将冷水面团分成两块,在其表面覆盖塑料膜,置于室温条件下醒发 20 min 左右。

步骤2 将醒发好的一块面团擀成薄面坯后放在烤盘上。

步骤3 在薄面坯表面覆盖塑料膜,先放冰箱冷冻 30 min,再冷藏 20 min。

步骤4 用擀面杖擀制酥皮油和薄面坯,使薄面坯长度是酥皮油宽度的两倍、宽度与酥皮油长度相等(厚度宜为 0.5~0.7 cm);用薄面坯包裹酥皮油。

步骤 5　用擀面杖用力压包好酥皮油的面坯，使面坯与酥皮油完全贴合。

步骤 6　用酥皮机压面坯至 0.5 cm 厚。

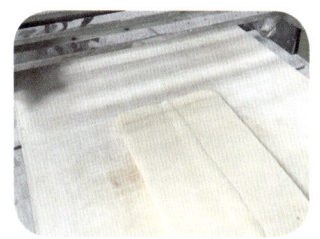

步骤 7　采用四折法折叠面坯一次。

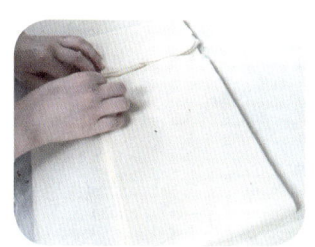

步骤 8　先将折叠好的面坯两侧用酥皮刀划开，然后将面坯擀至 0.6 cm 厚，再采用三折法折叠面坯一次。

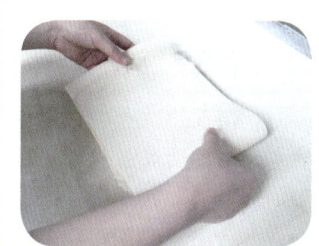

步骤 9　将面坯用塑料膜包裹后放进冰箱先冷冻 15 min，再冷藏 20 min；取出面坯，将其擀成 0.4 cm 厚的长方形面坯。

步骤 10　将另一块面团分割成 6 个小面团，分别添加适量的食用色粉和黄油，将小面团调制成多种颜色，备用。

步骤 11　将彩色小面团分别擀成薄面皮，将薄面皮按颜色进行分组叠加（绿色、白色、黄色一组，橙色、棕色、蓝色一组）。

步骤12 将叠加好的薄面皮卷成圆柱状,并切成厚薄均匀的彩圈面皮。

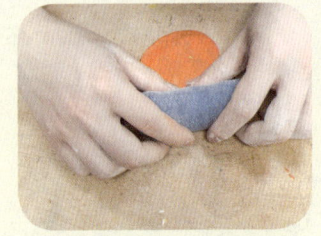

步骤13 将彩圈面皮摆在长方形面坯表面,用擀面杖进行擀压,使彩圈面皮与长方形面坯融为一体。

步骤14 用酥皮刀借助直尺将面坯裁切成若干块等腰三角形(每块重约78 g)。

步骤15 将等腰三角形面坯卷起(不宜过紧),形成直牛角面包坯。

步骤16 在直牛角面包坯表面刷一层蛋液(或喷少量水),保持面包坯表面的湿度。

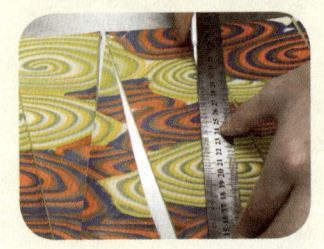

注意事项

1. 注意控制面团温度

制作起酥面包时,冷水面团与酥皮油的温度应基本一致,否则会导致包油后面坯断裂。

2. 注意控制环境温度

环境温度不宜过高,否则酥皮油易软化,影响面坯成型。

3. 注意控制成型的操作时间

制作时面坯不宜久置,否则酥皮油软化不利于成型。另外,采用手工成型方法时,面坯在手中的停留时间也不宜过久,手的温度会影响面坯的成型效果。夏天时可借助冰盘进行操作。

4. 注意作品整体的协调性

当起酥面包作为主题面包的一部分时,要预先考虑起酥面包大小、色泽、形态与主题面包整体的协调性。

高糖高油面包面团的成型

操作准备

1. 设备工具

准备电子秤、冰箱、擀面杖、塑料膜、刮板、烤盘等。

2. 原料

准备适量的高糖高油面包面团。

操作步骤

步骤1 将高糖高油面包面团分割、称重、搓圆。

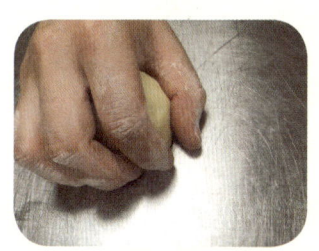

步骤2 将搓圆的面团放在烤盘中,在其表面覆盖塑料膜,再放入冰箱冷藏静置。

步骤3 取出稍硬的面团,将其擀成橄榄形薄面坯。

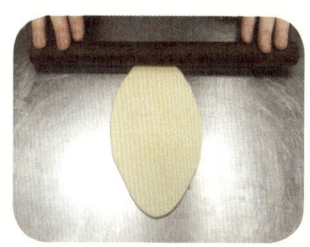

步骤4 将橄榄形薄面坯搓成中间粗、两端略细的条状面坯,按5条1组排列整齐。

步骤5 用手将条状面坯编制成辫子面包坯。

不发酵类艺术造型面包配件的手工成型——装饰线条

操作准备

1. 设备工具

准备烤盘、耐烤布等。

2. 原料

准备适量的不发酵类面包面团。

操作步骤

步骤1 用不发酵类面包面团搓出中间粗、两端略细的细长条状面坯。

步骤2 将细长条状面坯放在铺有耐烤布的烤盘上，将其绕制成型（应符合设计要求）。

不发酵类艺术造型面包配件的手工成型——花瓣

操作准备

1. 设备工具

准备热风炉、擀面杖、模具、有孔波浪盘等。

2. 原料

准备适量的白面团、脱模油。

操作步骤

步骤1　将白面团擀成0.1 cm厚的薄片，用模具切割出若干个花瓣形薄片。

步骤2　在有孔波浪盘表面喷少量脱模油。

步骤3　将花瓣形薄片摆放在有孔波浪盘上。

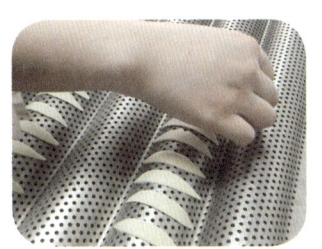

步骤4　将有孔波浪盘放入热风炉进行低温烘烤，使花瓣形薄片成型。

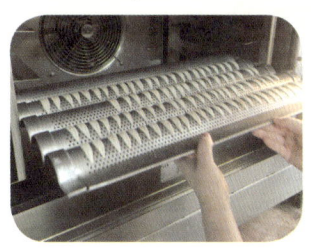

不发酵类艺术造型面包配件的手工成型——花叶

操作准备

1. 设备工具

准备擀面杖、轮刀、烤盘、耐烤布等。

2. 原料

准备适量的不发酵类面包面团（已调成绿色）、脱模油。

操作步骤

步骤1　将不发酵类面包面团擀至0.1 cm厚。

步骤2　用轮刀刻制出若干个花叶形薄片。

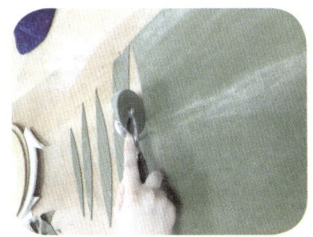

步骤3　将花叶形薄片均匀地摆在铺有耐烤布的烤盘上，备用。

不发酵类艺术造型面包配件的手工成型——支架

操作准备

1. 设备工具

准备擀面杖、自制模具、美工刀、耐烤布、烤盘等。

2. 原料

准备适量的不发酵类面包面团（已调成棕色）。

操作步骤

步骤1　将不发酵类面包面团擀至 0.5 cm 厚，借助自制模具刻制支架形面坯。

步骤2　将支架形面坯放在铺有耐烤布的烤盘上，备用。

不发酵类艺术造型面包配件的手工成型——底座

操作准备

1. 设备工具

准备美工刀、刻模、筛网、耐烤布、烤盘等。

2. 原料

准备适量的不发酵类面包面团（已调成粉色）和少量的面粉。

操作步骤

步骤1 将不发酵类面包面团揉成圆形，用刻模将中心部分抠出，初步制成底座面坯。

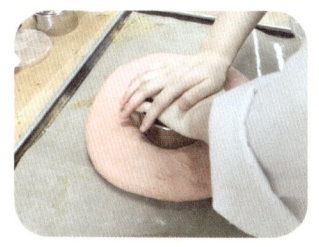

步骤2 在底座面坯表面撒少量过筛的面粉进行装饰。

步骤3 用美工刀在底座面坯表面划出美观的花纹。

培训单元2　艺术造型面包面团的醒发

了解面包面团的醒发原理

掌握各种艺术造型面包面团的醒发要求

能够对艺术造型面包坯进行最后醒发

一、醒发

1. 醒发的概念

面包面团的醒发分为基础醒发和最后醒发。

（1）基础醒发。基础醒发是指面包面团刚调制好时和在成型过程中进行的静置（松弛）。基础醒发是面包制作的关键性环节。

（2）最后醒发。最后醒发一般是在醒发箱内完成的，目的是使成型的面包坯在稳定的环境下醒发，获得最佳的膨胀效果，为最后的烘烤打好基础。最后醒发是在恒温、恒湿的环境下进行的，由不同性质面团制成的面包坯，其醒发温度、醒发湿度是不同的。

2. 醒发的目的

（1）使酵母大量繁殖，产生 CO_2 气体，促进面包面团体积的膨胀。

（2）改善面包面团的加工性能，使其具有良好的延伸性，同时降低弹性和韧性。

（3）有利于面包形成疏松、多孔的结构。

3. 醒发的原理

面包面团的醒发是由酵母的生命活动完成的。酵母是一种典型的兼性厌氧微生物，其特征是在有氧和无氧条件下都能存活。在醒发过程中，单糖是酵母的营养物质，它能保证酵母的正常发酵，但是面粉所含的单糖很少而含有大量的淀粉；在面粉中淀粉酶的作用下，淀粉水解成麦芽糖，又由于酵母分泌麦芽糖酶，麦芽糖又被水解成单糖，如此，单糖才被酵母利用。

在有氧条件下，面包面团中的酵母以呼吸为主；在缺氧条件下，面包面团中的酵母以发酵为主。在基础醒发后会进行翻面的操作，目的就是增加氧气，促使面团膨胀。随着醒发的进行，面包面团体积逐渐膨胀，其中的氧气相对减少，酵母在缺氧条件下发酵会产生酒精、少量 CO_2 气体和少量热量，少量的酒精能使面包具有独特的风味。

4. 醒发的影响因素

（1）温度。有利于酵母发挥作用的适宜温度为 26~28 ℃。如果面包面团温度过低，则醒发速度较慢，生产周期延长；如果面包面团温度过高，则醒发速度较快，醒发时间缩短，酶活性增强，面团面包持气性变差。

（2）pH 值。正常的面包面团的 pH 值应控制在 5.0~5.5，在这个范围内，面团的持气能力可以达到最大。醒发温度超过 37 ℃时，面包面团中的乳酸菌、醋酸菌繁殖加快，面包面团酸度增大（pH 值下降），成品品质下降。

（3）含水量。若面包面团含水量低，则它对气体的抵抗力较强，发酵会被抑制；若面包面团含水量高，则它容易被 CO_2 气体充大，能加快发酵速度。

（4）面粉筋力。面粉筋力高，面包面团持气性好，能更好地形成海绵状结构。

二、艺术造型面包面团的醒发要求

1. 无糖无油面包面团的醒发要求

酵母在发酵过程中的生命活动处于旺盛时期，这一时期能否达到所要求的产气量取决于酵母能否适应环境。外界物质浓度的高低将影响酵母细胞的活性。面包面团中的糖、盐等均会产生渗透压,渗透压过高,酵母体内的原生质和水分会渗出体外,导致酵母无法维持正常的生命活动甚至死亡。

无糖无油面包面团的配方中没有糖或只有极少量的糖,需要使用低糖型干酵母,能保证酵母的发酵能力。

> **小贴士**
> 高糖高油面包面团的配方中糖的用量较大,需要使用高糖型干酵母。

2. 起酥面包面团的醒发要求

起酥面包冷水面团的基础醒发可以在较低温度下进行,如将冷水面团放入冰箱冷藏或冷冻,主要目的是给冷水面团降温(使其温度更接近酥皮油或油脂面团的温度),以抑制发酵、便于操作。

起酥面包坯的最后醒发温度不宜过高,因为油脂熔点低,醒发温度过高会导致油脂熔化,包入的油脂会从面团中渗出,影响成品品质。

三、艺术造形面包面团的醒发条件和醒发状态

1. 无糖无油面包面团的醒发条件和醒发状态

应严格控制无糖无油面包面团的醒发条件(温度、相对湿度)。基础醒发时,温度宜控制在 26 ℃;最后醒发时,温度宜控制在 28 ℃、相对湿度宜控制在 80% 左右。

(1)醒发温度对面包状态的影响。醒发温度过高则醒发过快,会造成无糖无油面包内部组织较差且表皮较厚,影响外观;醒发温度过低则醒发时间过长,无糖无油面包易塌陷。

(2)醒发湿度对面包状态的影响。无糖无油面包坯的醒发湿度不宜过高,否则表皮过湿会起泡,影响成品外观;其醒发湿度也不宜过低,否则表皮过早结皮会影响膨胀效果,影响成品品质。

2. 起酥面包面团的醒发条件和醒发状态

应严格控制起酥面包面团的醒发条件。基础醒发时,温度宜控制在 26 ℃;最后醒发时,温度宜控制在 28 ℃、相对湿度宜控制在 80% 左右。

(1)醒发温度对面包状态的影响。醒发温度过高,起酥面包坯在醒发箱内就会出现渗油现象,导致表皮出现斑点;醒发温度过低,起酥面包坯膨胀效果较差、内部组织较差。

（2）醒发湿度对面包状态的影响。醒发湿度过高，起酥面包坯表面会接触过多的水蒸气而起泡，失去光泽；醒发湿度过低，起酥面包坯过早结皮，影响膨胀效果。有时在将起酥面包坯放入醒发箱之前，可以在其表面刷一层蛋液或喷少量水，以保持面包坯表面的湿度。

技能要求

无糖无油面包坯的最后醒发

操作准备

1. 设备工具

准备醒发箱、烤盘、油纸等。

2. 原料

准备已成型的无糖无油面包坯。

操作步骤

步骤　将无糖无油面包坯用烤盘（垫好油纸）盛装后放入醒发箱，设定醒发温度为28℃、醒发湿度为80%。

花色起酥面包坯的最后醒发

操作准备

1. 设备工具

准备醒发箱、烤盘等。

2. 原料

准备已成型的花色起酥面包坯。

操作步骤

步骤　将花色起酥面包坯用烤盘盛装后放入醒发箱,设定醒发温度为28 ℃、醒发湿度为80%。

培训项目 4

艺术造型面包的成熟

培训单元 1　无糖无油面包的成熟

了解无糖无油面包的成熟要求
掌握无糖无油面包的成熟方法
熟悉无糖无油面包的成熟注意事项
能够使无糖无油面包成熟

一、无糖无油面包的成熟要求和成熟方法

1. 无糖无油面包的成熟要求

烤制无糖无油面包时一般选择带喷水蒸气功能的平炉（效果最佳），当然，也可以选择旋转炉、热风炉。平炉具有分别控制上火、下火温度的功能，这非常符合无糖无油面包的烘烤要求。

在烘烤无糖无油面包的初始阶段及膨胀阶段，不要打开炉门，否则炉内热空气散失，面包将不再膨胀，影响成品品质。

注意观察面包的烘烤程度，烘烤过度面包会变成焦黑色，无法食用。

2. 无糖无油面包的成熟方法

（1）温度的设定。无糖无油面包的原料比较简单，不含糖、油脂或含极少的糖、油脂，且含水量高，容易成熟，因此烘烤温度一般设定得较高，特别是细长的法棍面包，其烘烤温度可设定在 210 ℃ 以上。当然，对于原料里含杂粮类原料较多的无糖无油面包，其烘烤温度宜设定得低一些，因为其纤维素含量较高，相对来说不容易成熟。

在烘烤大而厚的无糖无油面包时，温度也需设定得低一些，否则容易造成面包外焦内生的情况。

（2）喷水蒸气的设定。烘烤无糖无油面包时，喷水蒸气的时间一般设定为 5 s 左右，如果面包较小可设置为 3 s。当然，水蒸气也不能喷太多，因为炉内湿度过高不利于面包结皮。

（3）时间的设定。无糖无油面包的烘烤时间与其大小有关。对于大而厚的面包，烘烤温度相对要低；对于小而薄的面包，烘烤温度相对要高。一般情况下，400 g 左右的无糖无油面包的烘烤时间在 30 min 左右。

二、无糖无油面包的成熟注意事项

1. 大小不一的无糖无油面包坯不能放在同一层烤炉内同时烘烤

如果将大小不一的面包坯放在一起烘烤，会导致小面包坯烘烤过度、焦化，大面包坯烘烤不足、内部不熟。

2. 烘烤温度不能过低或过高

过低的烘烤温度会导致面包坯上色慢、表皮又厚又硬，影响成品的外观及口感；过高的烘烤温度会导致面包坯上色快、表皮焦黑而内部不熟。

技能要求

花色法棍面包的成熟

操作准备

1. 设备工具

准备平炉、烤盘、网架、法棍整形刀、筛网等。

2. 原料

准备醒发好的花色法棍面包坯、少量的面粉。

操作步骤

步骤1 开启平炉,预热;对醒发好的花色法棍面包坯进行烤前装饰(撒粉、划刀)。

步骤2 将装饰好的花色法棍面包坯放入平炉进行烘烤。

步骤3 喷预定容量的水蒸气。

步骤4 取出成熟的花色法棍面包,将其放在网架上进行冷却。

培训单元2　起酥面包的成熟

了解起酥面包的成熟设备和成熟要求
掌握起酥面包的成熟方法
熟悉起酥面包的成熟注意事项
能够使起酥面包成熟

一、起酥面包的成熟设备

烘烤起酥面包时可以选择平炉和热风炉,但平炉和热风炉烘烤出来的效果不太一样。平炉采用上下火的方式进行烘烤，所以烘烤出的起酥面包颜色会更有质感，但酥脆度会略微差一点。热风炉采用热风循环的方式进行烘烤，所以烘烤出的起酥面包颜色更均匀、酥脆度更好、体积更大。一般根据起酥面包口感、质感方面的要求来选择成熟设备。

二、起酥面包的成熟要求和成熟方法

1. 成熟要求

（1）及时烘烤。在烘烤起酥面包时，要考虑起酥面包的特点，即面包坯经过醒发后，其中的面坯与油脂会有所分离，如果不及时进行烘烤，面坯过度松弛会导致油脂外溢。

（2）刷全蛋液。在起酥面包坯入炉烘烤前，要在其表面刷上全蛋液，目的是让成品表面产生光泽。

刷全蛋液的要求具体如下：应选择细软的毛刷；刷时动作应轻巧，避免用力过度而破坏面包坯表皮；不要刷太多全蛋液，过量的全蛋液会渗进面包坯的横切面中，影响酥皮的分层效果。

（3）适时喷水蒸气。在烤炉具备喷水蒸气功能的前提下，如果不确定可颂面包坯是否发酵完成，可适时喷水蒸气 2~3 s，使其表面的淀粉糊化，从而能继续膨胀，防止其表皮过快定型而导致面包侧爆或裂开。

2. 成熟方法

（1）热风炉烘烤。热风炉有两个明显的优点。首先，对流热空气能够使起酥面包坯良好熟化。其次，能够精确控温，如在烤制弯牛角起酥面包时，可先用 160 ℃烘烤面包坯 12 min，再将温度升至 180 ℃烘烤 7 min，这样烤出来的弯牛角起酥面包表皮酥脆、内部组织松软。

（2）平炉烘烤。烘烤温度一般设定为上火 225 ℃、下火 200 ℃，将起酥面包坯烤至金黄色即可。另外，应设定充足的烘烤时间，并尽量避免在烘烤过程中打开炉门。

三、起酥面包的成熟注意事项

1. 制品大小、厚薄影响烘烤参数的设定

不同种类的起酥面包特点不同，应根据其大小、厚薄、是否夹馅来设定烘烤参数。例如，弯牛角起酥面包一般无馅料，烘烤温度会较高，但烘烤时间稍短；

而加入馅料的丹麦面包由于其馅料与面坯的成熟速度不同，因此烘烤温度应稍低，但烘烤时间稍长。

2. 成熟设备的选用影响烘烤参数的设定

与用平炉相比，用热风炉烘烤起酥面包的烘烤温度一般会低 10~20 ℃，烘烤时间会短几分钟。

技能要求

花色起酥面包的成熟

操作准备

1. 设备工具

准备平炉、烤盘、网架、毛刷、刀具等。

2. 原料

准备醒发好的花色起酥面包坯、少量的全蛋液。

操作步骤

步骤 1　开启平炉预热，设定烘烤温度为上火 225 ℃、下火 200 ℃。

步骤 2　在醒发好的花色起酥面包坯表面刷全蛋液。

步骤 3　将花色起酥面包坯放入平炉进行烘烤，待其烤熟后取出置于网架上冷却。

步骤 4　可用刀具切开花色起酥面包，观察其内部组织。

注意事项

应设定适宜的烘烤温度,防止过度烘烤或内部不熟。

培训单元 3　不发酵类艺术造型面包的成熟

了解不发酵类艺术造型面包的成熟设备和技术难点
掌握不发酵类艺术造型面包的成熟方法
熟悉不发酵类艺术造型面包的成熟注意事项
能够使不发酵类艺术造型面包配件成熟

一、不发酵类艺术造型面包的成熟设备和技术难点

1. 成熟设备

烘烤不发酵类艺术造型面包时可以使用热风炉或平炉。其中热风炉的效果更好,烤制的面包色泽均匀、气泡少、表面平整。

2. 技术难点

使不发酵类艺术造型面包成熟的技术难点在于烘烤后是否能够得到预想的颜色和形状。在烘烤过程中,面包坯很容易起泡、变形、变色,避免这类问题要求制作者在配料、调制、操作成熟设备等方面具有较强的掌控能力。

二、不发酵类艺术造型面包的成熟方法和成熟注意事项

1. 成熟方法

不发酵类艺术造型面包一般需要在 130～150 ℃的低温条件下烘烤成熟。部分面包坯在烘烤前需要进行打孔处理,目的是促进内部热量与表面热量的传递,使面包表面不起泡,成品平整而有光泽,增加艺术造型面包整体的美感。

2. 成熟注意事项

（1）根据制品大小、厚薄和成熟设备的特点考虑烘烤方案。平炉的层高一般在 20 cm 左右，对于大型的不发酵类艺术造型面包来说，很难将其直接放入平炉进行烘烤，而且烘烤时不能使其太接近上层加热管（否则上色过快而影响成品品质），因此一般考虑分段制作配件。另外，不发酵类艺术造型面包配件不能制作得过于厚实，否则难以成熟、定型、控制颜色变化。

（2）设定适宜的烘烤温度、烘烤时间。不发酵类艺术造型面包配件一般以薄片居多，如果烘烤温度过高，面包坯容易焦化、变形而影响成品品质，所以一般进行低温烘烤（但烘烤时间延长，可能影响工作效率）。如果需要低温烘烤，可以考虑提前制作不发酵类艺术造型面包配件，但要在冷却后用塑料膜将其包好，防止其受潮变形。

 **相关链接**

烘烤不发酵类艺术造型面包时所用的模具

烘烤不发酵类艺术造型面包时需要考虑是否需要用模具固定面包坯。模具所起到的作用有内部填充和外部照护两个方面。

1. 内部填充的模具

立体空心造型面坯内部需要填充模具（或固定物），因为面包坯烘烤后会定型、收缩，如果不填充模具则会变形而影响使用。一般要在填充的模具表面喷脱模油，以便于脱模。也可以使用相对柔软或容易取出的模具进行填充。

2. 外部照护的模具

在烘烤一些特殊造型的不发酵类艺术造型面包坯之前，需要在其四周或底部用自制的金属模具或硅胶模具进行固定，防止其变形。在金属模具或硅胶模具与面包坯接触处要喷脱模油，方便成熟后将模具与面包坯分离。

这类面包坯在烘烤成熟后需要放在合适的操作台上进行冷却、定型，防止它们在未冷却时就变形而影响使用。

不发酵类艺术造型面包配件的成熟

操作准备

1. 设备工具

准备热风炉、烤盘等。

2. 原料

准备成型的不发酵类艺术造型面包配件。

操作步骤

步骤1 开启热风炉预热（130 ℃左右）。

步骤2 将不发酵类艺术造型面包配件放入热风炉进行烘烤。

步骤3 取出成熟的面包配件，冷却，备用。

注意事项

应设定适宜的烘烤温度，防止面包配件过度烘烤或内部不熟。

培训项目 5

艺术造型面包的组合与摆台

培训单元 1 艺术造型面包的组合

掌握艺术造型面包的组合方法
了解艺术造型面包的组合要求
能够对立体艺术造型面包进行组合

一、艺术造型面包的组合方法

艺术造型面包分为平面艺术造型面包和立体艺术造型面包两种。其中,平面艺术造型面包的组合比较简单,而立体艺术造型面包的组合则比较复杂。

艺术造型面包的组合过程有很多细致的工作需要去做,如两个面包配件在粘接处的尺寸必须为零误差,否则作品的呈现效果是不完美的。

艺术造型面包的组合必须按设计说明书的设计要求进行,在组合过程中要完成以下几个步骤。

1. 熬制糖浆

粘接面包配件的黏合剂主要是热糖浆,不可使用硅胶棒、化学黏合剂等非食用材料。

2. 确认配件

在完成各面包配件的制作、烘烤后,在进行组合前,必须再次确认面包配件的数量、形状、颜色是否准确。

3. 加工配件

若要做到粘接时各面包配件之间"严丝合缝",就需要对其进行细加工。一般会使用锉刀、砂纸等对面包配件的线条弧度、内孔大小等进行细加工。就像螺栓配螺母一样,要让各面包配件完美地组合在一起。

4. 粘接

使用热糖浆粘接各面包配件时,可用食品急速冷冻剂对粘接处的热糖浆进行喷雾,使其迅速冷却、定型。

5. 修整

粘接完成后的艺术造型面包并不一定是完美的,还需进行最后的修整。一般会用到喷火枪等工具,先将已定型的面包配件拆开,再重新进行粘接、定型。

6. 检查

观察作品的整体效果是否与设计图一致,检查作品的重心是否平稳,检查作品的总高度是否符合要求,检查各粘接处是否有松动的情况。

7. 展示

艺术造型面包的组合一般是在工位上完成的,组合后需要将其移动至展览区的展台进行展示。艺术造型面包的可移动性对于整个作品来说是非常重要的,是需要重点考虑的。

二、艺术造型面包的组合要求

1. 组合过程中所用材料都应是安全、可食用的。
2. 应严格按工序进行组合。

技能要求

立体艺术造型面包的组合

操作准备

1. 设备工具

准备电磁炉、不锈钢复底锅、不锈钢勺、直尺、喷枪、空气压缩机、画笔、喷火枪、气罐、设计图、硅胶垫、塑料或木板底座等。

2. 原料

准备适量的白砂糖或艾素糖、水、食用色素以及烘烤成熟的面包配件。

操作步骤

步骤1　将白砂糖或艾素糖放在不锈钢复底锅内。

步骤2　将白砂糖或艾素糖加水熬成糖浆，备用。

步骤3　将烘烤成熟的面包配件归类，平整放置在操作台上。

步骤4　将需要组合的面包配件进行预拼接，确认它们能否达到严丝合缝的要求。如果不符合要求，需要细加工后再组合。

步骤5　按设计要求将艺术造型面包的底座配件固定在预制的塑料或木板底座上。

步骤6　将主干配件插入底座，借助直尺确认高度、位置，用热糖浆进行粘接。

步骤7　将人物、花卉、线条等配件按设计图粘接在相应的位置上。

步骤8　完成各面包配件的定位、定型后，用喷枪和画笔对需要上色的部位进行喷色和涂色。

步骤9　检查各粘接部位，对有糖浆流挂等不美观处进行修整。

步骤10 观察作品的整体效果是否与设计图一致,检查作品的重心是否平稳,检查作品的总高度是否符合要求,检查各粘接处是否有松动的情况。

步骤11 将完成制作的艺术造型面包移至展台,在移动过程中要注意安全,确保作品不发生碰撞、倒塌等情况。

注意事项

1. 注意控制糖浆的温度。

2. 如果在组合过程中糖浆凝固,要重新加热,以保持糖浆的黏性,防止面包配件粘接不牢。

培训单元2 艺术造型面包的摆台

熟悉艺术造型面包主题说明书的制作和摆放
掌握艺术造型面包的摆台步骤

艺术造型面包的摆台分为单独的主题面包摆台和组合式艺术造型面包摆台。艺术造型面包摆台所展示的内容是多种多样的,其规模也可大可小。

一、主题说明书的制作和摆放

为了让观众和评委更直观地了解艺术造型面包,也为了完整地介绍艺术造型面包中各产品的名称、工艺特点和主题面包表达的含义,制作者往往会制作图文并茂的主题说明书,并将其放置在艺术造型面包旁边,以达到介绍作品的目的。

可以说，主题说明书是摆台展示的一部分。

一般的主题说明书是打印在卡片上的，卡片不宜过大，与艺术造型面包放在一起不应有喧宾夺主的感觉。另外，主题说明书中的图案和文字不宜设计得过于复杂、艳丽，以免破坏摆台的整体效果。同时，主题说明书的文字介绍不宜过多，否则会让观众和评委失去阅读的耐心，起到反作用。

二、组合式艺术造型面包的摆台

1. 摆台的设计

要预先做好艺术造型面包摆台的设计图。设计图中应体现道具、造型等内容。

（1）道具。组合式艺术造型面包的摆台离不开各种道具的辅助。常用的道具有木制格挡、面包藤篮、桌布等，根据需要选用即可。

（2）造型。一般组合式艺术造型面包的整体摆台会采用前低后高、前小后大的方式。常用的摆台造型有几何造型、流线造型等。不管采用哪种摆台造型，以视觉效果良好、具有统一性及协调性为佳。

2. 摆台的步骤

（1）准备工作。在进行摆台展示前要做好各项准备工作。

1）平整台面。用于摆台展示的台面一定要平整，整个台面要在一个水平面上，所以要进行台面的水平测试（见图5-34），否则大型主题面包会倒塌。

2）布置道具（见图5-35）。按设计图将各种道具预先摆好、固定，不宜频繁地搬动道具，特别是在放上艺术造型面包后。

图5-34　台面的水平测试

图5-35　布置道具

（2）摆台。按设计图摆放各式艺术造型面包（注意摆放位置应正确，即定好位），一般先摆放大型产品，再摆放小型产品，如图5-36所示。当所有产品摆放完毕，在适宜的位置放置主题说明书即可。

图 5-36 艺术造型面包的摆台

（3）清洁工作。摆台后，往往会有面包屑残留在桌布上，因此需要用毛刷或吸尘器清除面包屑，保证台面干净、整洁。

职业模块 6 甜品的制作

内容结构图

- 甜品的制作
  - 面糊的调制
    - 布丁面糊的调制
    - 苏夫利面糊的调制
    - 乳酪蛋糕面糊的调制
  - 面糊的成型
    - 甜品模具的种类和适用范围
    - 布丁面糊的成型
    - 苏夫利面糊的成型
    - 乳酪蛋糕面糊的成型
  - 面糊的成熟
    - 面糊的隔水烘烤成熟
    - 面糊的冷冻成熟
  - 甜品的装饰
    - 甜品的色、香、味
    - 装饰原则与美学知识
    - 器皿选择与装饰应用

培训项目 1

面糊的调制

培训单元 1　布丁面糊的调制

掌握布丁的常用原料
熟悉布丁面糊的工艺特性
掌握布丁面糊的调制注意事项
能够调制多种布丁面糊

布丁是英语单词 pudding 的译音，广义上，布丁泛指由浆料凝固而成的固体食品。常见的品种有焦糖布丁、巧克力布丁、水果布丁等。

一、布丁的常用原料

制作布丁的常用原料有牛奶、鸡蛋、糖（包括糖粉、白砂糖等）、稀奶油、巧克力、可可粉、水果、黄油等。不添加乳品的布丁通常称为清冻，如果冻；添加乳品的布丁通常称为乳冻。

二、布丁面糊的工艺特性

常用的布丁制法包括冷制、蒸制、烤制等。冷制的布丁主要靠明胶等凝固剂的凝固性成型。蒸制、烤制的布丁主要靠蛋白受热变性而凝固成型。

清冻一般需要冷藏成型。例如，果冻的定型温度为 0~4 ℃，温度越低，定型所需的时间越短。必须注意的是，果冻内含有大量的水分，不宜在 0 ℃ 以下定型，以免果冻结冰而影响口感。

三、布丁面糊的调制注意事项

1. 布丁面糊的调制温度不宜过高。
2. 如果需要使用糖浆，一定要趁热加入，否则糖浆冷却易凝固。
3. 调制布丁面糊时不能放太多牛奶，否则蛋白比例太少会很难凝固。
4. 调制布丁面糊时应分次、少量加入蛋液，防止油水分离。

技能要求

焦糖布丁面糊的调制

操作准备

1. 设备工具

准备电磁炉、不锈钢盆、打蛋器、玻璃碗、筛网等。

2. 原料

项目	原料名称	烘焙百分比
面糊	牛奶	100.0%
	糖粉	100.0%
	稀奶油	86.7%
	鸡蛋	60.0%
	蛋黄	20.0%

操作步骤

步骤1 将牛奶、糖粉、鸡蛋、蛋黄搅拌均匀后隔水加热。

步骤2 将浆料过筛。

步骤3 加入稀奶油,搅拌均匀即可。

注意事项

1. 在对牛奶、糖粉、鸡蛋、蛋黄的混合物进行隔水加热时温度不宜过高,否则蛋黄会因成熟而凝固,影响成品的质感。

2. 需要将浆料过筛以去除鸡蛋中的胶状物体,使制品细腻均匀。

巧克力布丁面糊的调制

操作准备

1. 设备工具

准备电磁炉、不锈钢盆、玻璃碗、搅板、筛网、打蛋器、食品温度计等。

2. 原料

项目	原料名称	烘焙百分比
面糊	黑巧克力	100.0%
	黄油	70.5%
	蛋液	60.0%
	白砂糖	35.0%
	低筋粉	29.4%

操作步骤

步骤1　将黑巧克力、黄油隔水融化后用搅板搅拌均匀，制成黑巧克力酱。

步骤2　将白砂糖、蛋液用打蛋器搅拌均匀。

步骤3　将混有白砂糖的蛋液倒入黑巧克力酱中。

步骤4　加入过筛的低筋粉，搅拌均匀即可。

注意事项

1. 融化黑巧克力的温度不宜超过45 ℃，否则会返砂。
2. 需要将低筋粉过筛以去除结块物，使制品细腻均匀。

圣诞布丁面糊的调制

操作准备

1. 设备工具

准备刮板、筛网等。

2. 原料

项目	原料名称	烘焙百分比
面糊	黄油	100.0%
	牛奶	94.0%
	低筋粉	94.0%
	苹果丁	58.8%

续表

项目	原料名称	烘焙百分比
面糊	糖粉	53.0%
	蛋液	53.0%
	蜜饯	47.0%
	肉桂粉	3.5%
	面包碎	适量

操作步骤

步骤1 将过筛的糖粉和黄油用手混合、搓发。

步骤2 分次加入蛋液。

步骤3 加入肉桂粉和过筛的低筋粉，搅拌均匀。

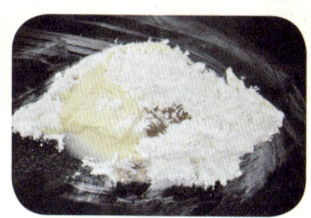

步骤4 加入牛奶、面包碎、苹果丁、蜜饯，搅拌均匀。

枣泥布丁面糊的调制

操作准备

1. 设备工具

准备刮板、筛网等。

2. 原料

项目	原料名称	烘焙百分比
面糊	黄油	100%
	枣泥	100%
	低筋粉	100%
	红糖	80%
	蛋液	45%
	朗姆酒	15%
	泡打粉	2%
	肉桂粉	1%

操作步骤

步骤1 将黄油和红糖用手混合、搓发。

步骤2 分次加入蛋液。

步骤3 加入过筛的低筋粉以及肉桂粉、泡打粉、枣泥、朗姆酒，搅拌均匀。

柠檬布丁面糊的调制

操作准备

1.设备工具

准备刮板、玻璃碗、筛网等。

2. 原料

项目	原料名称	烘焙百分比
面糊	黄油	100.0%
	低筋粉	83.3%
	糖粉	75.0%
	蛋液	75.0%
	柠檬汁	适量

操作步骤

步骤1 将糖粉和黄油用手混合、搓发。

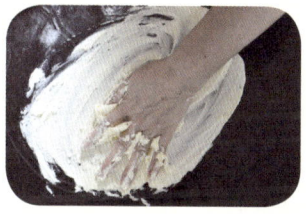

步骤2 分次加入蛋液。

步骤3 加入过筛的低筋粉,搅拌均匀。

步骤4 加入柠檬汁,搅拌均匀即可。

培训单元2 苏夫利面糊的调制

熟悉苏夫利的常用原料

掌握苏夫利面糊的工艺特性

熟悉苏夫利面糊的调制注意事项

能够调制多种苏夫利面糊

苏夫利（soufflé，法语单词，又译为舒芙蕾）是一种源自法国的甜品。这种甜品是先将鸡蛋的蛋白、蛋黄分离，再将搅打均匀的蛋白膏分次拌入由蛋黄等原料制成的浆料中，然后经冷制、蒸制、烤制而形成质轻、膨松的成品。

一、苏夫利的常用原料

制作苏夫利的常用原料有牛奶、白砂糖、黄油、鸡蛋、淀粉、明胶、果汁等。

二、苏夫利面糊的工艺特性

常用的苏夫利制法包括冷制、蒸制、烤制等。冷制的苏夫利主要利用明胶的凝固性成型（在冷藏状态下），其成品质地细腻、甜味适中。

蒸制或烤制的苏夫利其面糊质地柔软，受热后其中的空气膨胀，同时鸡蛋中的蛋白质变性起定型作用，维持成品形状。一般会在苏夫利模具内壁及底部先涂黄油再撒细砂糖，目的是粘住苏夫利面糊，获得理想的膨胀效果。烤制的苏夫利最好尽快品尝，否则易塌陷。

三、苏夫利面糊的调制注意事项

1. 在调制冷制苏夫利面糊的过程中，要严格控制泡明胶的水的温度，若其温度过高，明胶会溶解在水里。

2. 如果需要熬制糖浆，也要控制熬制温度。熬制温度过高，糖浆中的水蒸发过快而易焦化。

3. 要控制苏夫利面糊的稠度。若苏夫利面糊过稀，则成品成型效果较差；若苏夫利面糊过稠，则成品膨胀效果不好。

职业模块6　甜品的制作

技能要求

香草苏夫利面糊的调制

操作准备

1. 设备工具

准备电磁炉、搅拌机、搅板、不锈钢盆、打蛋器等。

2. 原料

项目	原料名称	烘焙百分比
面糊	牛奶	100.0%
	蛋白	33.3%
	蛋黄	25.0%
	白砂糖	33.3%
	淀粉	13.3%
	黄油	3.3%
	香草碎	少量

操作步骤

步骤1　将牛奶、蛋黄、淀粉、2/3的白砂糖、香草碎混合，搅拌均匀。

步骤2　隔水加热浆料并搅拌至浓稠。

步骤3　加入黄油，搅拌均匀。

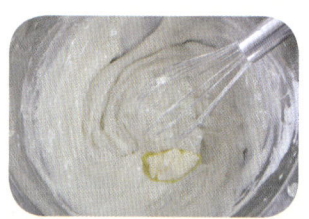

步骤4　将蛋白和1/3的白砂糖用搅拌机搅打至湿性发泡，提起搅拌桨，膏体呈长弯钩状即可。

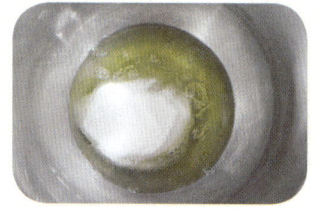

步骤5 将蛋白膏分两次拌入浆料,拌匀。

甜橙苏夫利面糊的调制

操作准备

1. 设备工具

准备电磁炉、搅拌机、搅板、不锈钢盆、打蛋器等。

2. 原料

项目	原料名称	烘焙百分比
面糊	牛奶	100.0%
	蛋白	33.3%
	蛋黄	25.0%
	白砂糖	33.3%
	橙汁	22.2%
	淀粉	13.3%
	黄油	3.3%

操作步骤

步骤1 将牛奶、蛋黄、淀粉、2/3的白砂糖、橙汁混合,搅拌均匀。

步骤2 隔水加热浆料并搅拌至浓稠。

步骤3 加入黄油,搅拌均匀。

步骤4 将蛋白和1/3的白砂糖搅打至湿性发泡，提起搅拌桨，膏体呈长弯钩状即可。

 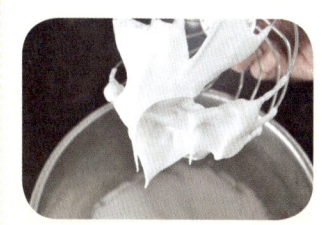

步骤5 将蛋白膏分两次拌入浆料，拌匀。

巧克力苏夫利面糊的调制

操作准备

1. 设备工具

准备电磁炉、搅拌机、刮板、不锈钢盆、打蛋器等。

2. 原料

项目	原料名称	烘焙百分比
面糊	牛奶	100.0%
	蛋黄	14.4%
	巧克力	12.0%
	淀粉	11.4%
	白砂糖	9.5%
	黄油	2.8%
	可可粉	2.4%
	蛋白	28.8%

操作步骤

步骤1　将牛奶、蛋黄、淀粉、可可粉混合，搅拌均匀。

步骤2　隔水加热浆料并搅拌至浓稠，之后加入巧克力和黄油，继续搅拌至浆料均匀。

步骤3　将蛋白和白砂糖用搅拌机搅打至湿性发泡，提起搅拌桨，膏体呈长弯钩状即可。

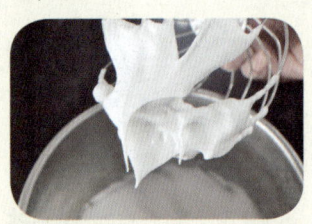

步骤4　将蛋白膏分两次拌入浆料，拌匀。

培训单元3　乳酪蛋糕面糊的调制

熟悉乳酪蛋糕的种类及其常用原料

掌握乳酪蛋糕的制作工艺

了解乳酪蛋糕面糊的调制注意事项

掌握乳酪蛋糕的成熟方法

能够调制多种乳酪蛋糕面糊

乳酪蛋糕又称奶酪蛋糕，它是以蛋糕坯、派皮等为底坯，将调制好的面糊倒入后经过烤制或冷制，再经装饰而制成的西点制品。乳酪蛋糕的原料、制作工艺

和口感与其他几种甜品相比稍有不同,它是蛋糕与甜品的结合体。

一、乳酪蛋糕的种类及其常用原料

1. 轻乳酪蛋糕

轻乳酪蛋糕起源于日本,最初被称作"日式轻乳酪蛋糕"。爱好乳品的日本人将奶香浓郁的美式乳酪蛋糕(即重乳酪蛋糕)与深受亚洲人喜爱的戚风蛋糕相结合,创作出这款兼具奶香和松软口感的甜品。

轻乳酪蛋糕的主要原料是乳酪(即奶油干酪,cream cheese),这是一种未成熟的全脂干酪,色泽洁白,质地细腻,口感微酸。乳酪是发酵制成的,开封后易变质,所以要尽早使用并食用。除了乳酪,轻乳酪蛋糕的其他常用原料有酸奶、鸡蛋、白砂糖、糖粉、稀奶油、低筋粉、柠檬汁(乳酪本身有酸味,因此也可以不加柠檬汁,如果喜欢偏酸的口味可以适量添加)等。

轻乳酪蛋糕配方中乳酪的用量较少,基本上是重乳酪蛋糕的 1/2 甚至更少。

相比于鸡蛋,轻乳酪蛋糕配方中低筋粉用量很少,成型全靠鸡蛋中蛋白质凝固后的支撑力,所以冷却后的轻乳酪蛋糕体积有些回缩是正常现象,只要不开裂、不出现大气孔等严重影响成品美观的问题就可以。

2. 重乳酪蛋糕

重乳酪蛋糕的配方有很多,常用原料有乳酪、白砂糖、鸡蛋、低筋粉、玉米淀粉、黄油、稀奶油、牛奶、柠檬汁、朗姆酒等。

二、乳酪蛋糕的制作工艺

1. 轻乳酪蛋糕

轻乳酪蛋糕的制作工艺大体上是先将打发的蛋白与面糊(由蛋黄、糖粉、低筋粉、乳酪等调制而成)拌匀,再入炉进行烤制。轻乳酪蛋糕的成熟方法有直接烘烤法和隔水烘烤法。其中,隔水烘烤法可以使轻乳酪蛋糕具有滋润的口感,同时能有效防止其表面发干和开裂。

轻乳酪蛋糕的具体制作步骤比戚风蛋糕略复杂,但只要掌握好蛋白的打发程度和烘烤的火候,成功率还是比较高的,因为它在出炉后不需要迅速进行直接脱模和倒扣脱模,只需冷藏即可脱模。

刚出炉的轻乳酪蛋糕嫩而软,冷藏后口感更佳。

2. 重乳酪蛋糕

因为重乳酪蛋糕配方中乳酪用量大,所以在制作过程中要将鸡蛋逐个加入乳酪糊中，这样制得的成品口感厚重。

三、乳酪蛋糕面糊的调制注意事项

1. 注意乳酪的使用状态

因为乳酪在冷藏状态下会变硬，所以调制乳酪蛋糕面糊时要先将乳酪放在室温下缓一段时间或进行隔水加热使其变软。

隔水加热乳酪时，加热温度不可超过 80 ℃，否则乳酪中的蛋白质会变性凝固，影响成品品质。

2. 注意控制搅拌力度和搅拌程度

在轻乳酪蛋糕面糊的调制过程中，将蛋黄加入乳酪后要轻轻地搅拌，不要搅出太多气泡，否则成品内部组织会比较粗糙。

在重乳酪蛋糕面糊的调制过程中，将乳酪和白砂糖搅拌均匀即可，切勿充分搅打；加入过筛的玉米淀粉和低筋粉后切勿反复搅拌，否则面糊起筋会导致成品僵硬。

四、乳酪蛋糕的成熟方法

乳酪蛋糕的成熟方法分为两类，一类是热制，另一类是冷制。

1. 热制方法

这类乳酪蛋糕经烘烤后才可食用，常采用隔水烘烤法。烤好的乳酪蛋糕不能直接脱模或倒扣脱模，需要先放冰箱冷藏后再脱模。

2. 冷制方法

这类乳酪蛋糕是利用凝固剂（常用明胶）凝固成型的，一般以饼干或蛋糕坯做底，无须烘烤，放入冰箱冷藏后即可食用。

轻乳酪蛋糕面糊的调制

操作准备

1. 设备工具

准备电磁炉、搅拌机、搅板、不锈钢盆、玻璃碗、打蛋器、筛网等。

2. 原料

项目	原料名称	烘焙百分比
面糊	乳酪	100%
	蛋白	90%
	蛋黄	45%
	糖粉	40%
	白砂糖	35%
	低筋粉	20%
	色拉油	20%
	玉米淀粉	18%

操作步骤

步骤1　隔水加热乳酪，用打蛋器搅拌至细腻。

步骤2　加入蛋黄、过筛的糖粉，用打蛋器搅拌均匀。

步骤3　加入色拉油，用搅板拌匀。

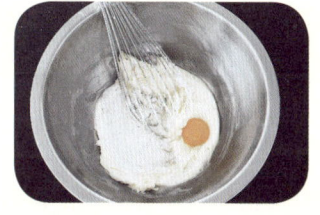

步骤4　加入过筛的玉米淀粉和低筋粉，用搅板拌匀。

步骤5　将蛋白、白砂糖一起搅打至湿性发泡。

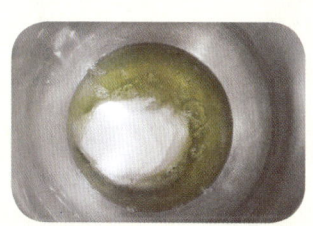

步骤6　将打发的蛋白膏分两次拌入面糊中。

重乳酪蛋糕面糊的调制

操作准备

1. 设备工具

准备电磁炉、不锈钢盆、打蛋器、筛网等。

2. 原料

项目	原料名称	烘焙百分比
面糊	乳酪	100.0%
	白砂糖	24.0%
	蛋液	18.0%
	稀奶油	12.0%
	西梅碎	6.0%
	低筋粉	6.0%
	玉米淀粉	3.2%

操作步骤

步骤1　隔水加热乳酪，再加入白砂糖搅拌至乳酪糊细腻有光泽。

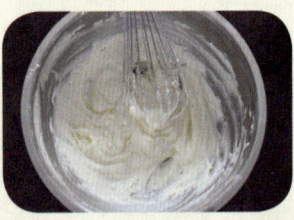

步骤2　加入稀奶油，分次加入蛋液，搅拌均匀。

步骤3　加入过筛的玉米淀粉和低筋粉，适度搅拌至均匀。

步骤4　拌入西梅碎。

树莓冻乳酪蛋糕面糊的调制

操作准备

1. 设备工具

准备电磁炉、搅拌机、搅板、单柄锅、不锈钢盆、玻璃碗、打蛋器等。

2. 原料

项目	原料名称	烘焙百分比
面糊	稀奶油	100%
	乳酪	75%
	树莓果泥	50%
	白砂糖	40%
	牛奶	20%
	酸奶	20%
	明胶	5%

操作步骤

步骤1　隔水加热乳酪，再加入白砂糖并搅拌至乳酪糊细腻有光泽。

步骤2　加入牛奶和酸奶，搅拌均匀。

步骤3　将树莓果泥倒入单柄锅中进行加热，再加入泡软的明胶，用搅板拌匀。

步骤4　将调好的果泥倒入乳酪糊中，搅拌均匀。

步骤5　打发稀奶油至膏体细腻。

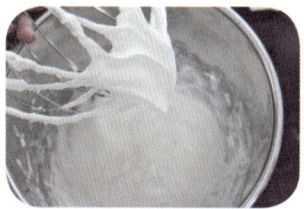

步骤6　将打发的稀奶油加入果泥乳酪糊中。

步骤7 搅拌均匀即可。

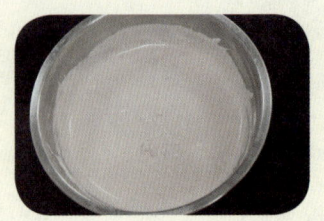

注意事项

明胶要用冷水泡软。

培训项目 2　面糊的成型

培训单元 1　甜品模具的种类和适用范围

了解甜品模具的种类
熟悉甜品模具的适用范围

一、甜品模具的种类

甜品模具种类繁多，按其材质可分为金属模具、陶瓷模具、硅胶模具、塑料模具等，按其用途可分为布丁模具、苏夫利模具、乳酪蛋糕模具等。

布丁、苏夫利、乳酪蛋糕均既可热制又可冷制，按需求选用模具即可。

对于需要隔水烘烤的乳酪蛋糕，一般选用活底模具。有时为了方便脱模还会选用圈模，这时要用锡纸包裹圈模底部，防止乳酪蛋糕面糊漏出。

二、甜品模具的适用范围

1.适合冷加工的甜品模具

适合冷加工的甜品模具有硅胶模具、塑料模具、金属模具等。硅胶模具质地较软，脱模比较方便。塑料模具质地较硬，一般适用于无须脱模的冷制甜品。金属模具既适合冷加工又适合热加工。

2. 适合热加工的甜品模具

适合热加工的甜品模具主要有金属模具和陶瓷模具。

（1）金属模具。制作热制乳酪蛋糕时一般采用金属模具，常用的金属模具是铝合金材质的。铝合金模具的导热性能好且比较轻巧，但为了避免金属铝污染食物，会在其表面做阳极处理或硬膜处理。其中，阳极模具质地较软，表面呈银白色，易划伤；而硬膜模具质地较硬，表面呈黑色，不易划伤，且导热快能缩短烘烤时间。

不粘模具是指在金属模具（以铝合金模具居多）表面增加不粘涂层的一类模具。不粘模具能够轻松脱模，同时减少食物的黏附和油脂的吸附。不粘模具有强度高、不易变形、耐高温、耐腐蚀、易清洗的优点，其导热性能优于陶瓷模具，但比无不粘涂层的金属模具稍差。

（2）陶瓷模具。陶瓷模具的导热性能不如金属模具，但传热均匀，且保温效果较好，适用于盛装烘烤时间较长的甜品。制作苏夫利时一般采用陶瓷模具。

一般彩色陶瓷器皿的釉面可能在高温烘烤条件下发生变化而产生有害物质，因此要选择更具安全性的白色陶瓷模具。

培训单元2　布丁面糊的成型

熟悉布丁面糊的成型模具
掌握布丁面糊的成型方法
了解布丁面糊的成型注意事项
能够使布丁面糊成型

一、模具的选用

使布丁面糊成型时一般选用尺寸较小的金属模具。根据布丁面糊的烘烤需要，要将装有布丁面糊的模具分散地放在烤盘中，以便于向烤盘中注水，也有利于布丁面糊的烘烤成熟。

二、布丁面糊的成型方法

1. 热制布丁面糊的成型方法

下面以焦糖布丁面糊和巧克力布丁面糊为例进行介绍。

焦糖布丁面糊的成型方法是先将焦糖注入模具底部，再注入面糊，一般注入八分满即可。如果入模量过多，面糊受热膨胀后会溢出到烤盘中，造成浪费且难以清洁，同时影响成品美观。

巧克力布丁面糊的成型方法是先将面糊过筛，再注入模具（八分满）。

2. 冷制布丁面糊的成型方法

冷制布丁面糊的成型方法是先将面糊用裱花袋挤入模具（注意：面糊量不能过少，以免脱模后布丁偏薄、形状较差；应将面糊表面抹平，确保无气泡），再将模具放入冰箱中冷藏。

三、布丁面糊的成型注意事项

1. 注意环境温度

在热制布丁面糊的成型过程中应控制环境温度。环境温度不宜过高，否则面糊易消泡，成品体积较小、品质较差。

冷制布丁面糊的成型温度应较低，否则难以成型。

2. 注意时间

在布丁面糊的成型过程中应控制时间，特别是冷制布丁面糊的成型。若冷制布丁面糊的成型时间过长，成品会过硬而影响口感。

技能要求

热制布丁面糊的成型

操作准备

1. 设备工具

准备裱花袋、烤盘、模具等。

2. 原料

准备热制布丁面糊、黄油、面粉。

操作步骤

步骤1　选择干净、合适的模具，在模具内壁上均匀地涂抹少许黄油并撒少许面粉。

步骤2　将热制布丁面糊装入裱花袋后挤入模具。

冷制布丁面糊的成型

操作准备

1. 设备工具

准备裱花袋、烤盘、模具、抹刀、油纸等。

2. 原料

准备冷制布丁面糊。

操作步骤

步骤1　在烤盘上铺好油纸、摆好模具，用裱花袋将冷制布丁面糊挤入模具。

步骤2　用抹刀抹平表面。

培训单元3　苏夫利面糊的成型

熟悉苏夫利面糊的成型模具
掌握苏夫利面糊的成型方法
能够使苏夫利面糊成型

一、模具的选用

使苏夫利面糊成型时一般选用陶瓷模具，使用过程中应注意安全，避免其破损，使用后应将其清洗干净。

二、苏夫利面糊的成型方法

1. 模具处理

（1）冷制苏夫利的模具处理

1）准备制作苏夫利的陶瓷模具。

2）用塑料围边或双层油纸在模具内侧围成一个高于模具 3~5 cm 的圆环。

（2）热制苏夫利的模具处理

1）准备制作苏夫利的陶瓷模具。

2）将黄油涂抹在模具内壁和底部，撒上适量细砂糖后倒出多余的细砂糖。

2. 灌模方法

（1）冷制苏夫利面糊的灌模方法

1）将冷制苏夫利面糊用裱花袋注入模具，挤入高度与塑料围边或双层油纸相平。

2）用蘸少许温水的抹刀修整面糊表面，使其平整。

3）冷藏定型。

4）待面糊定型后，小心地移除模具中的塑料围边或双层油纸。

（2）热制苏夫利面糊的灌模方法。将热制苏夫利面糊用裱花袋挤入模具至八分满即可。如果模具内侧边缘处沾有面糊，可用手指抹掉，以形成一圈干净的窄边，有利于面糊膨胀。

技能要求

单色苏夫利面糊的成型

操作准备

1. 设备工具

准备烤盘、模具、裱花袋等。

2. 原料

准备单色苏夫利面糊、黄油、细砂糖。

操作步骤

步骤1 选择干净、合适的模具，在模具内壁上均匀地涂抹少许黄油并撒少许细砂糖。

步骤2 将单色苏夫利面糊装入裱花袋后缓慢地挤入模具中。

注意事项

将单色苏夫利面糊挤入模具前，模具内尤其是边缘处的黄油和细砂糖应均匀分布，否则会影响面糊的膨胀。

双色苏夫利面糊的成型

操作准备

1. 设备工具

准备裱花袋、模具、烤盘等。

2. 原料

准备两种颜色的苏夫利面糊、黄油、细砂糖。

操作步骤

步骤1 将两种苏夫利面糊分别灌入两个裱花袋中。	 
步骤2 选择干净、合适的模具,在模具内壁上均匀地涂抹少许黄油并撒少许细砂糖。	
步骤3 双手各握住一个裱花袋同时用力,将两种颜色的苏夫利面糊均匀地挤入模具中。	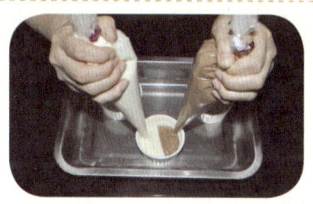

注意事项

挤入苏夫利面糊时双手的力度要均匀,应将两种面糊同时挤入模具,防止出现双色面糊不均匀的现象。

培训单元4 乳酪蛋糕面糊的成型

熟悉乳酪蛋糕面糊的成型模具

掌握乳酪蛋糕面糊的成型方法
能够使乳酪蛋糕面糊成型

一、模具的选用

使乳酪蛋糕面糊成型时一般选用金属圈模，既可以选择有底的连体金属圈模，也可选择慕斯圈（一种无底的金属圈模）。使用慕斯圈时要用锡纸将其底部包裹住，防止乳酪蛋糕面糊漏出。

二、乳酪蛋糕面糊的成型方法

1. 准备模具

一般选择干净、合适的慕斯圈，要将慕斯圈底部包上锡纸。

2. 做底坯

一般使用饼干做底坯，先将饼干压成碎末，再将其与液态黄油混合、拌匀，最后将其铺在慕斯圈底部并压平、压实。

> **小贴士**
> 如果不使用底坯，一般要在模具内壁及底部刷黄油后铺油纸，油纸应紧贴模具。

3. 注入乳酪蛋糕面糊

将乳酪蛋糕面糊缓慢地倒入慕斯圈，一般倒至八分满，并抹平表面。

冷制乳酪蛋糕面糊的成型

操作准备

1. 设备工具

准备慕斯圈、锡纸、不锈钢勺、裱花袋、牙签等。

2. 原料

准备冻乳酪蛋糕面糊、饼干碎、液态黄油、果泥。

操作步骤

步骤1 选择干净、合适的慕斯圈,将慕斯圈底部包上锡纸,再将饼干碎和液态黄油拌匀后倒入慕斯圈中压平、压实。

步骤2 将冻乳酪蛋糕面糊缓慢地倒入慕斯圈。

步骤3 在冻乳酪蛋糕面糊表面用裱花袋以画圈的方式裱挤果泥。

步骤4 用牙签在冻乳酪蛋糕面糊表面勾出漂亮的花纹。

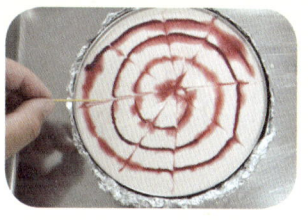

热制乳酪蛋糕面糊的成型

操作准备

1. 设备工具

准备慕斯圈、锡纸、不锈钢勺等。

2. 原料

准备热制乳酪蛋糕面糊、饼干碎、液态黄油。

操作步骤

步骤1 选择干净、合适的慕斯圈,将慕斯圈底部包上锡纸,再将饼干碎和液态黄油拌匀后倒入慕斯圈中压平、压实。

步骤2　将热制乳酪蛋糕面糊缓慢地倒入慕斯圈。

培训项目 3 面糊的成熟

培训单元 1　面糊的隔水烘烤成熟

了解隔水烘烤法的原理
掌握隔水烘烤法的工艺流程和注意事项
了解甜品隔水烘烤成熟的质量标准
能够使布丁面糊、苏夫利面糊、乳酪蛋糕面糊成熟

一、隔水烘烤法的原理

隔水烘烤法是指通过水的对流热使甜品面糊成熟，又称蒸烤法、水浴法。采用隔水烘烤法时，要将模具浸在盛有水的烤盘中，甜品面糊在烤炉中同时处于烘烤、蒸煮的状态。

二、隔水烘烤法的工艺流程和注意事项

1. 工艺流程

（1）设定烘烤温度，将烤炉预热。
（2）将盛有甜品面糊的模具放入烤盘，在烤盘中注入适量的水。

(3）将烤盘放入烤炉进行烘烤。

(4）取出成熟的甜品，冷却，脱模。

2. 注意事项

因为烤盘中有水，所以将其放入烤炉或取出时要保持平稳，防止模具倾倒，同时注意操作安全。

三、甜品隔水烘烤成熟的质量标准（见表6-1）

表6-1 甜品隔水烘烤成熟的质量标准

种类	质量标准
布丁	色泽均匀，形态端正，甜度适中，质地细腻、柔软
苏夫利	色泽均匀，表面平整无凝结物，内部组织无大气孔，无塌陷处，口感润滑，不粘牙
乳酪蛋糕	色泽均匀，表面有光泽，形态端正，甜度适中，口感嫩滑，质地细腻

布丁面糊的隔水烘烤成熟

操作准备

1. 设备工具

准备平炉、烤盘、餐盘、盛器等。

2. 原料

准备布丁面糊（装在模具中）。

3. 制作条件

烘烤温度：上火180 ℃，下火180 ℃。

烘烤时间：25 min。

操作步骤

步骤1 将平炉预热,将布丁面糊放在烤盘中,在烤盘中注入适量的水。

步骤2 将烤盘放入平炉中,使布丁面糊隔水烘烤至成熟。

步骤3 取出成熟的布丁,冷却,脱模,装盘(图示为多种布丁)。

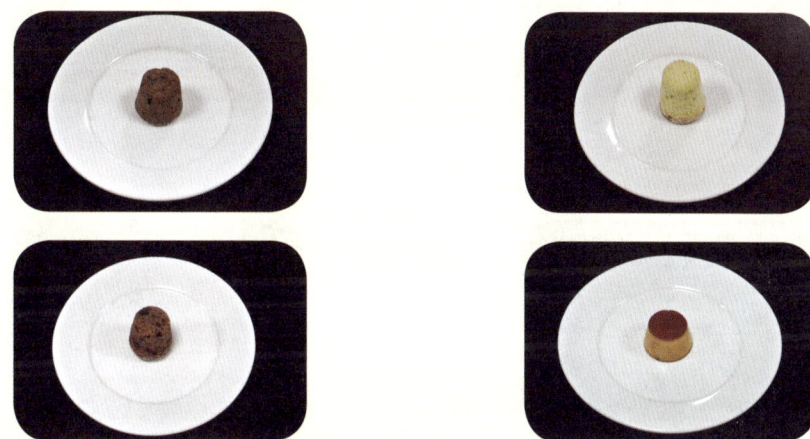

注意事项

1. 烤盘中水的高度应超过模具高度的1/2,否则成品会有气泡。

2. 烘烤布丁时可以在模具表面覆盖一张锡纸,这样烤好的布丁会特别嫩、不起皮。当然,不覆盖锡纸也是可以的,布丁会较快成熟。

苏夫利面糊的隔水烘烤成熟

操作准备

1. 设备工具

准备平炉、烤盘、盛器等。

2. 原料

准备苏夫利面糊(装在模具中)。

3. 制作条件

烘烤温度：上火 210 ℃，下火 135 ℃。

烘烤时间：40 min。

操作步骤

步骤1　将平炉预热，将苏夫利面糊放在烤盘中，在烤盘中注入适量的水。

步骤2　将烤盘放入平炉中，使苏夫利面糊隔水烘烤至成熟。

步骤3　取出成熟的苏夫利，冷却。

注意事项

烤盘中水的高度应不超过模具高度的 1/2。

重乳酪蛋糕面糊的隔水烘烤成熟

操作准备

1. 设备工具

准备平炉、冰箱、烤盘、餐盘、盛器等。

2. 原料

准备重乳酪蛋糕面糊（装在模具中）。

3. 制作条件

烘烤温度：上火 160 ℃，下火 160 ℃。

烘烤时间：1 h。

操作步骤

步骤1 将平炉预热,将重乳酪蛋糕面糊放在烤盘中,在烤盘中注入适量的水。

步骤2 将烤盘放入平炉中,使重乳酪蛋糕面糊隔水烘烤至成熟。

步骤3 取出成熟的重乳酪蛋糕,放入冰箱冷藏,脱模,装盘。

注意事项

1. 烤盘中水的高度应不超过模具高度的1/2。
2. 取出的重乳酪蛋糕如果有轻微开裂,冷却后也会自动愈合。
3. 重乳酪蛋糕刚出炉时较嫩,此时不要急于脱模,可放入冰箱冷藏4 h后再脱模,此时食用口感最佳。

培训单元2　面糊的冷冻成熟

能够使冻乳酪蛋糕面糊成熟

冻乳酪蛋糕面糊的冷冻成熟

操作准备

1. 设备工具

准备急速冷冻柜、烤盘、餐盘等。

2. 原料

准备冻乳酪蛋糕面糊（装在模具中）。

3. 制作条件

冷冻温度：-18 ℃。

冷冻时间：2 h。

操作步骤

步骤1　将冻乳酪蛋糕面糊用烤盘放入急速冷冻柜进行冷冻。

步骤2　脱模，摆盘。

注意事项

1. 注意冷冻时间。冷冻温度低一些时，冷冻时间可以相应减少。
2. 为保持急速冷冻柜内的温度，不能经常开柜门。

培训单元3　甜品的色、香、味

了解甜品色、香、味的状态

掌握甜品色、香、味的形成原理

一、甜品色、香、味的状态

1. 甜品色的状态

色是指颜色。甜品的颜色应该以原料成熟后的自然色为主，主要有焦糖色、巧克力色、糖粉色及各种水果颜色。

2. 甜品香的状态

香是指香气。甜品的香气主要是指烘烤成熟后产生的香气或原料自身的香气。

3. 甜品味的状态

味是指味道。甜品的味道主要是原料自身的味道，但是经烘烤后，有些原料的味道会发生变化。

二、甜品色、香、味的形成原理

1. 甜品色的形成原理

甜品的颜色一方面是由原料自身颜色形成的，另一方面是由于加热发生焦糖化反应而形成的（焦糖色）。

焦糖化反应是糖类尤其是单糖在没有氨基化合物存在的情况下，加热到熔点以上时因脱水、降解而发生的褐变反应。

2. 甜品香的形成原理

甜品的香气主要来自美拉德反应。法国化学家美拉德发现，羰基化合物（还原糖类）和氨基化合物（氨基酸/蛋白质）通过缩合、聚合而生成棕黑色物质。后来人们发现，美拉德反应不仅影响食品的颜色，而且对其香味也有着重要影响。例如，亮氨酸与葡萄糖在高温下反应能产生令人愉悦的面包香气。

3. 甜品味的形成原理

各原料都有自身的味道，如砂糖的甜味、盐的咸味、柠檬的酸味等。当然，美拉德反应也会改变原料的味道。例如，巧克力的味道就受可可豆发酵的影响，因为可可豆发酵时其中的氨基酸会发生美拉德反应。

培训项目 4　甜品的装饰

培训单元1　装饰原则与美学知识

了解装饰原则与构图方法
掌握颜色的构成与搭配

甜品的装饰主要指甜品盘饰,是指在甜品及器皿上将各种盘饰材料摆成特定的造型,其目的是提高甜品的价值。装饰原则与美学知识(包括构图方法、颜色的构成与搭配等)是对甜品进行装饰的基础。

一、装饰原则

1. 可食用性原则

制作甜品盘饰实际上是一个创造美的过程,这种创造是食品文化的一种重要表现形式。在进行装饰时,对甜品色、形的审美感受只是以视觉感觉为基础的第一感觉,而香气、味道和质感才是甜品中更重要的感觉。因此,甜品的装饰离不开可食用性原则,甜品的盘饰材料必须是可食用的。在追求甜品装饰美的过程中不能脱离安全、营养、可口的食用要求。

2. 实用性原则

实用性是指装饰要始终坚持为甜品服务。盘饰是甜品的附属而不是主体，只有在需要时才使用。另外，盘饰不能喧宾夺主，要摒弃为装饰而装饰的唯美主义倾向。

3. 简约性原则

简约性是指装饰的内容和表现形式要以最简略的方式达到最好的美化效果。盘饰材料多不一定是美，而盘饰材料少也不一定就好，关键要少而精。

4. 鲜明性原则

鲜明性是指要以形象、具体的感性形式来衬托和呈现甜品的美感。事物的美总存在于特定的感性形式中，离开了特定的感性形式，美就不存在了。因此，在装饰甜品时，要善于利用盘饰材料的颜色、形状、质地等属性，在器皿中摆出鲜明、生动、具体的图案。

盘饰的鲜明性可有多种多样的表现形式，但无论采用何种形式或何种图案，均不能割断其与甜品之间的有机联系。

5. 协调性原则

协调性是指盘饰与甜品之间应和谐搭配。首先是盘饰自身应具有协调性，盘饰的造型、颜色及盘饰与器皿之间的关系应协调、统一。其次是盘饰与甜品应具有协调性，盘饰虽然是在盛装甜品之前制作的，但要根据甜品特点进行设计，要充分考虑它们在主题表达、造型和材料选择上的联系，力求使盘饰与甜品成为一个有机联系的整体。

二、构图方法

1. 平面盘饰的构图方法

平面盘饰一般是以常见的新鲜水果为主要材料，利用水果固有的颜色，采用一定技法将其加工成某种形状，在器皿的适当位置组合成平面造型。

2. 立体盘饰的构图方法

立体盘饰一般是指将立体造型制品与平面造型制品组合起来的盘饰。甜品盘饰的立体装饰件有很多，如天鹅泡芙、巧克力制品、糖艺制品等。

三、颜色的构成与搭配

1. 颜色的构成

所有颜色均由三原色（红、黄、蓝）组成。

红色视觉效果强,是活跃、热烈、有朝气的颜色。

黄色有很强的明亮感,使人感到明快、纯洁。

蓝色属于冷色系,具有沉静、理智的特性,易让人产生清澈、超脱、远离世俗之感。

2. 颜色的搭配

可以根据三原色原理合成颜色,红+黄=橙,红+蓝=紫,黄+蓝=绿;也可以根据需要合成更多的颜色。

两种以上颜色搭配后,由于色相差别而形成的颜色对比效果称为色相对比。

两种以上颜色搭配后,由于明度不同而形成的颜色对比效果称为明度对比。它是颜色对比的一个重要方面,是决定颜色方案清晰或朦胧、柔和或强烈的关键。

两种以上颜色搭配后,由于纯度不同而形成的颜色对比效果称为纯度对比。纯度对比是决定颜色方案华丽或朴素、粗俗或含蓄的关键。

多种颜色搭配后,由于色相、明度、纯度等有差别,所产生的总体效果称为综合对比。这种多属性的对比效果显然要比单项对比丰富、复杂。事实上,颜色单项对比的情况很难成立,它们不过是颜色对比中的一个侧面,在创作和设计实践中都较少应用。在进行多种颜色综合对比时要强调、突出某一方面,或以色相为主,或以明度为主,或以纯度为主。

培训单元2　器皿选择与装饰应用

了解甜品盘饰的器皿选择

能够对甜品进行装饰

一、甜品盘饰的器皿选择

甜品通常是晚宴的"结束曲",因此需要快捷、简约,分量不能很大,只能是点缀式的迷你型制品。甜品盘饰非常重要，需要选择合适的器皿，使观赏效果和食用效果达到和谐。

一般根据甜品的颜色和形状选择盛装的器皿。常用的器皿有陶瓷器皿、玻璃器皿等。例如，英式甜品一般是由三层白色瓷盘盛放的，如图 6-1 所示。

图 6-1　由三层白色瓷盘盛放的英式甜品

二、装饰应用

1. 装饰方法

（1）布丁的装饰方法。一般将水果洗净、去皮（如需要）、切块后放入器皿或布丁上进行装饰，同时用酱料、沙司等绘制图案或进行淋面，如图 6-2 所示。

图 6-2　布丁的装饰

（2）苏夫利的装饰方法

1）冷制苏夫利的装饰方法。可以将冷制苏夫利放置在烤盘上，用抹刀将碎果仁撒在冷制苏夫利四周，如图 6-3a 所示；还可以将稀奶油打发，在冷制苏夫利表面裱挤图案进行装饰，如图 6-3b 所示。

2）烤制苏夫利的装饰方法。烤制成熟的苏夫利体积变大、呈金黄色，可以在其表面撒糖粉进行简单装饰，如图 6-3c 所示。若要使苏夫利表面有焦糖效果，可以在烤好后 1min 左右在其表面撒糖粉，注意动作要轻、要快，以免苏夫利塌陷。

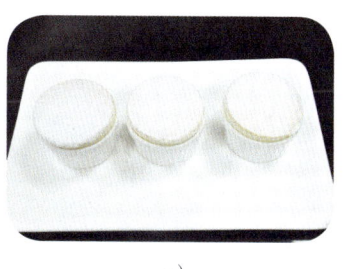

a）　　　　　　　　　　b）　　　　　　　　　　c）

图 6-3　苏夫利的装饰

a）碎果仁装饰　b）稀奶油装饰　c）糖粉装饰

（3）乳酪蛋糕的装饰方法。多用水果、镜面果胶、果酱等对乳酪蛋糕进行装饰，如图 6-4 所示。

图 6-4　乳酪蛋糕的装饰

2. 装饰注意事项

（1）要保证器皿是干净卫生的，进行装饰前必须对器皿进行消毒。

（2）盘饰材料的颜色应搭配合理、比例协调，整体布局应合理。

职业模块 7 创意甜品的设计与制作

内容结构图

```
                              ┌── 创意甜品的设计方法和要求
              ┌── 创意甜品的设计 ──┤
              │               └── 创意甜品设计说明书的编制
创意甜品的设计与制作 ──┤
              │               ┌── 新原料、新设备工具与新工艺
              └── 创意甜品的制作 ──┤── 创意甜品的成型与成熟
                              └── 创意甜品的装饰
```

培训项目 1

创意甜品的设计

培训单元 1　创意甜品的设计方法和要求

熟悉创意甜品的设计方法
了解创意甜品的设计要求

一、创意甜品的设计方法

1. 以原料创意为主的设计方法

《中华人民共和国食品安全法》规定，食品是指各种供人食用或饮用的成品和原料以及按照传统既是食品又是中药材的物品，但是不包括以治疗为目的的物品。可见，原料包含在食品的概念之内，其限定条件是能供人食用或饮用。

《新食品原料安全性审查管理办法》规定，新食品原料是指在我国无传统食用习惯的以下物品：动物、植物和微生物；从动物、植物和微生物中分离的成分；原有结构发生改变的食品成分；其他新研制的食品原料。以原料创意为主的设计必须符合《新食品原料安全性审查管理办法》的有关规定，即新食品原料应当具有食品原料的特性，符合应当有的营养要求，且无毒、无害，对人体健康不造成任何急性、亚急性、慢性或者其他潜在性危害。

2. 以造型创意为主的设计方法

食品造型起源于欧美国家，是一份给食品"做美容""拗造型"的工作。食品造型师可与摄影师配合，将食物最诱人的一面呈现在镜头前。随着国内餐饮品牌纷纷走上转型升级之路，食品造型师近几年在国内也非常受欢迎。不过，目前国内食品造型师的数量非常少。

3. 以主题创意为主的设计方法

主题创意设计是指把简单的想法不断延伸，使其以某种富有创意的表现方式表现出来的设计。在不同的主题活动中，要围绕甜品设计出与众不同的方案，供消费者选用。婚礼甜品台设计、儿童主题生日晚宴甜品台设计等都是常见的主题创意设计。

二、创意甜品的设计要求

1. 原料的创新

选用创意甜品的原料时要充分考虑消费者的接受意愿，对于大部分消费者不熟悉甚至不认识的原料，建议谨慎选用。

2. 工艺的创新

工艺创新是指西点企业采用了全新的或有重大改进的加工方法、工艺设备或辅助性生产活动。工艺创新的"新"要体现在技术、设备或流程上，它侧重于甜品制作的过程。"新"也是相对的，对本企业而言，某工艺是新的，但对于其他企业或整个市场而言，该工艺不一定是新的。

3. 造型、口味的创新

造型、口味的创新往往针对一组甜品，要追求健康理念、改良技巧、新颖风味，要打破传统，从造型的独特性、口味的多样性出发，制作出令人惊喜的新甜品，赢得消费者的认可。造型、口味的创新体现了制作者的创新能力。

培训单元2　创意甜品设计说明书的编制

熟悉创意甜品设计说明书的内容

了解创意甜品设计说明书的编制要求

一、创意甜品设计说明书的内容

1. 甜品名称

甜品代表着甜蜜和美好，一般会在其名称中加入浪漫的元素，能够挑起消费者的好奇心、吸引消费者的专注度，让消费者看到名称就想品尝甜品。许多传统西式甜品的背后都有一个感人的故事，创意甜品在进行命名时可以考虑传统名称，这样新品既有创新又有传承。

2. 设计思路

创意甜品的设计必须围绕以下两点进行：第一，突出新，就是运用新原料、新工艺；第二，突出用，就是创意甜品必须具有可食用性、可操作性和市场连续性。缺少哪一点，创意甜品都是不完整的，甚至会进入创新误区。

3. 甜品配方

创意甜品的配方应该是全新的，往往使用一些新原料。例如，新的食品添加剂往往会改进甜品的口味、质感。注意，在选用新原料时，不要违反国家相关法律法规。同时，采用全新的配方不能影响创意甜品的风味和质量。

4. 制作工艺

利用新工艺就是运用新的加工方法和组合方法制作创意甜品。例如，用传统的远红外烤炉烘烤甜品时，成品颜色往往有缺陷，而新型蒸烤炉的普及大大改良了烘烤工艺，增加了甜品创新的可能性。

组合方法有多种形式，结合原料的变化可以将甜品进行创新。但真正的创意甜品并不是简单的组合变化，还必须加入新的元素，如新的装饰件。因此，在造型工艺中有相当大的创新空间。

5. 成品特点

西式甜品来源于世界不同的国家，具有各自不同的特点。创意甜品需要在创新的同时保留传统的风格。常见西式甜品的特点如下。

法式甜品的特点之一是原料选取较应时，如选用不同水果的慕斯、塔等，其口味多样，可清爽、可厚重。除部分具有地域特色的品种外，大部分法式甜品制作精良、颜值颇高。典型代表有慕斯蛋糕、法式烤布蕾、法式柠檬塔、修女泡芙、闪电泡芙、法式千层酥、蒙布朗、马卡龙等。可以说，法国人的浪漫情怀、优雅气质和细致入微造就了今天法式甜品的不俗。

美式甜品的特点是口味比较厚重，高糖、高油，外观没有太多讲究，较自由随性。典型代表有乳酪蛋糕、杯子蛋糕、甜甜圈等。

意大利甜品往往具有精致的外观和妙不可言的口感。典型代表有爽滑绵软的意式奶冻、家喻户晓的提拉米苏、低脂的意式冰激凌等。

6. 整体效果

创意甜品的整体效果是指要给消费者展示一个全新的外部形态（包括盘饰），中西结合、西式甜品中做、西式甜品盘饰中式化都有助于展现全新的整体效果。

二、创意甜品设计说明书的编制要求

1. 产品名称明确

明确说明产品名称的用意和创意来源。

2. 设计思路清晰

明确说明创意甜品是按哪种新原料、新工艺进行创新设计的。

3. 甜品配方以及设备工具翔实

明确说明创意甜品所用原料的名称、重量、烘焙百分比等配方基本内容，说明对设备工具的要求。

4. 操作工艺流畅

按操作工艺应能制作出创意甜品，具体制作过程应流畅。

5. 产品特点鲜明

明确说明创意甜品的产品特点，明确其与相似产品的区别。

6. 整体效果突出

创意甜品经过摆盘、装饰，应能达到预想的整体效果，给人以耳目一新的感觉。

培训项目 2 创意甜品的制作

培训单元 1　新原料、新设备工具与新工艺

了解创意甜品的新原料
掌握创意甜品的新设备工具
熟悉创意甜品的新工艺

一、创意甜品的新原料

国家卫生健康委员会依法对新食品原料的安全性进行审查，对符合食品安全要求的，准予许可并公布。创意甜品的新原料一般为动物性原料、植物性原料和药食同源原料。根据创意甜品的制作需要，常选用糖类、油脂、植物等新原料。

二、创意甜品的新设备工具

1. 新设备

可选用方便、稳定的新设备来制作创意甜品。科技是第一生产力，新设备可以有效促进生产效率的提高，降低产品成本，减轻西式面点师的操作强度，提高西式面点师的操作水平和产品质量。

2. 新工具

新工具应该以设计为重点，以实用性为出发点。例如，新模具应能制作出更新颖的甜品，同时使用更方便。

三、创意甜品的新工艺

1. 淋面工艺

目前，星空淋面、豹纹淋面是创意甜品制作中较为新颖的制作工艺。这类工艺也是用传统的原料，如糖粉、葡萄糖浆、甜炼乳、黑巧克力、食用色粉等，但在制作过程中会使用消泡均质机，同时控制淋面时巧克力酱的温度和淋面速度。进行星空淋面时，巧克力酱的温度要控制在 30～35 ℃；进行豹纹淋面时，巧克力酱的温度要控制在 65 ℃。

2. 喷砂工艺

喷砂工艺会给甜品带来几分低调的奢华，丝绒质地的巧克力喷砂面低调而有内涵，更加突出甜品的唯美质感。

喷砂的工艺流程具体如下：将喷砂料（如巧克力加可可脂）倒入喷枪中，经喷枪的雾化作用，喷砂料被喷在冻硬的甜品表面并瞬间凝固成细微的颗粒。注意，喷砂工艺对甜品温度有严格的要求。另外，巧克力品质也会影响喷砂效果，操作时要注意细节的把控。

培训单元 2　创意甜品的成型与成熟

熟悉创意甜品的配方与调制要求
熟悉创意甜品的成型要求
掌握创意甜品面糊的成熟方法
能够制作创意甜品

一、创意甜品的配方与调制要求

创意甜品的配方不能只选择新奇、特别的原料而脱离固有原料，更不能用非食用原料。

创意甜品浆料的调制应符合原料使用规律，不破坏原料结构，不破坏原料营养价值。

二、创意甜品的成型要求

选用的模具要符合基本要求，如热制甜品应选用耐高温的模具，冷制甜品应选用耐低温的模具。

三、创意甜品的成熟方法

创意甜品的原料和制作工艺不同，成熟方法也不同。传统的成熟方法有冷制（包括冷藏和冷冻）、热制（包括直接烘烤和隔水烘烤）。随着冷冻设备的发展，一种极速冷冻工艺出现了。采用具备这种功能的冷冻设备时，甜品会在极短的时间内达到 -30 ℃，极大地缩短了成熟时间，也极大地保留了原料的鲜度。

制作冷冻类创意甜品——冰激凌

操作准备

1. 设备工具

准备冰激凌机、电磁炉、搅板、单柄锅、不锈钢圆盆、不锈钢方盆、打蛋器、筛网、玻璃碗、食品温度计等。

2. 原料

项目	原料名称	烘焙百分比
酱料	牛奶	100%
	白砂糖	30%
	稀奶油	50%
	蛋黄	18%

操作步骤

步骤1　将牛奶煮沸。

步骤2　将蛋黄与白砂糖用打蛋器搅打至颜色变淡、质地变稠。

步骤3　将煮沸的牛奶倒入蛋黄糊中,边倒边搅拌。

步骤4　将混合物再次加热至185 ℃左右,制成英式奶酱,冷却。

步骤5　在冷却的英式奶酱中加入30%的稀奶油,搅拌均匀。

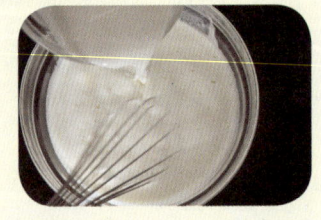

步骤6　将浆料过筛,备用。

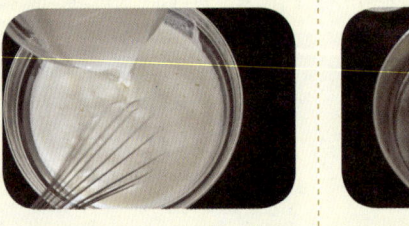

步骤7　将剩余的稀奶油搅打至半打发状态。

步骤8　在浆料中加入半打发的稀奶油,制成冰激凌酱。

步骤9　将制作完成的冰激凌酱倒入冰激凌机中进行冷冻加工。

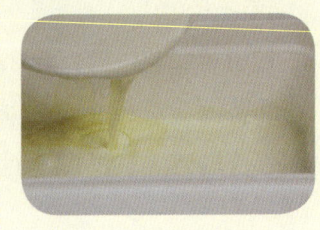

步骤10 从冰激凌机出料口中压出冰激凌成品。

注意事项

1. 调制英式奶酱时应控制加热温度,防止煮焦。
2. 冰激凌机在使用前后必须进行清洁、消毒。

制作冷冻类创意甜品——巧克力慕斯蛋糕

操作准备

1. 设备工具

准备急速冷冻柜、电磁炉、搅拌机、均质机、搅板、模具、网架、不锈钢盆、单柄锅、玻璃碗、裱花袋等。

2. 原料

项目	原料名称	烘焙百分比
慕斯糊	稀奶油	100.0%
	英式奶酱	80.0%
	榛子酱	32.5%
	黑巧克力	30.0%
	明胶	1.5%
果冻	树莓果泥	100.0%
	白砂糖	20.0%
	明胶	2.4%
坯料	蛋糕坯	适量

操作步骤

步骤1 制作树莓果冻液。

将树莓果泥、白砂糖加热至沸腾状态,加入泡软的明胶,搅拌均匀。

步骤2 制作巧克力慕斯。

(1)将黑巧克力隔水融化后加入英式奶酱;搅拌均匀,加入榛子酱。

(2)加入溶化的明胶,用均质机搅拌均匀,形成慕斯糊,冷却;将打发的稀奶油与冷却的慕斯糊混合后搅拌均匀。

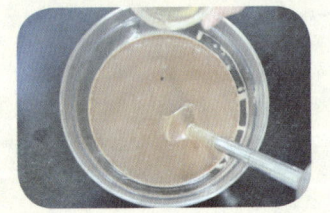 

步骤3 制作巧克力慕斯蛋糕。

(1)将树莓果冻液倒入模具中。

(2)用一层蛋糕坯覆盖树莓果冻液。

(3)将模具放入急速冷冻柜进行冷冻、定型,备用。

(4)将适量巧克力慕斯用裱花袋挤入另一个模具。

(5)加入定型的树莓果冻蛋糕。

（6）再挤入适量的巧克力慕斯。	（7）最后放入一层蛋糕坯。	（8）冷冻，脱模。
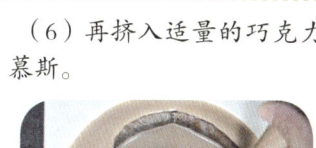		

注意事项

1. 慕斯糊冷却后方可加入打发的稀奶油进行搅拌。
2. 切勿用力按压蛋糕坯，否则会破坏巧克力慕斯蛋糕表面的形状。

制作烘烤类创意甜品——马卡龙

操作准备

1. 设备工具

准备平炉、电磁炉、搅拌机、打蛋器、搅板、单柄锅、筛网、裱花袋、裱花嘴、烤盘、油纸、玻璃碗、不锈钢盆、食品温度计、餐盘等。

2. 原料

项目	原料名称	烘焙百分比
坯料	杏仁粉	100.0%
	糖粉	100.0%
	白砂糖	100.0%
	蛋白	80.0%
	水	25.0%
馅料	白巧克力	100.0%
	稀奶油	50.0%
	开心果酱	16.0%
	转化糖	6.0%
	盐	适量

操作步骤

步骤1 制作马卡龙面饼。

(1) 将杏仁粉、糖粉混合后过筛。

(2) 将杏仁粉、糖粉、1/2的蛋白搅拌均匀,形成面糊,备用。

(3) 将白砂糖与水加热至118 ℃。

(4) 打发剩余的蛋白,缓慢地倒入糖水,搅拌均匀。

(5) 将蛋白膏分次拌入面糊中,形成马卡龙坯料。

(6) 将调制好的马卡龙坯料装入裱花袋,在烤盘上裱挤出圆形生坯。

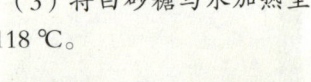

(7) 先将马卡龙生坯放在室温条件下静置1 h,再放入平炉进行烘烤(上火155 ℃、下火145 ℃,烘烤15 min左右)。

步骤2 制作开心果甘那许。

(1) 将白巧克力隔水融化。

(2) 加入开心果酱,搅拌均匀,备用。

(3) 将稀奶油、转化糖、盐煮沸。

(4) 将煮沸的混合液倒入酱料中,搅拌均匀即可。

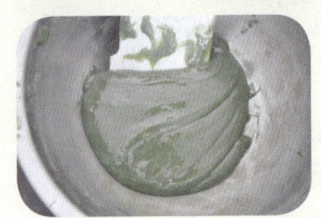

步骤3 制作马卡龙。

（1）将开心果甘那许裱挤在两片马卡龙面饼中间。	（2）将两片马卡龙面饼合在一起。	（3）装饰、摆盘。

注意事项

1. 要将蛋白打发至湿性发泡，再慢慢地倒入糖水。
2. 将马卡龙坯料裱挤在烤盘上后需要静置，待其表面结皮方可进行烘烤。
3. 烘烤时要时刻关注下火温度，防止下火温度过高导致制品炸裂。
4. 成熟的马卡龙面饼应圆润、大小适中、形态端正、质地均匀。

制作烘烤类创意甜品——水果塔制作

操作准备

1. 设备工具

准备平炉、电磁炉、筛网、刮板、塔模、烤盘、餐盘、玻璃碗、单柄锅、打蛋器、抹刀、裱花袋、牙签、油纸、食品温度计等。

2. 原料

项目	原料名称	烘焙百分比
坯料	低筋粉	100.0%
	黄油	45.0%
	白砂糖	24.5%
	蛋液	17.5%
	杏仁粉	1.0%

续表

项目	原料名称	烘焙百分比
酱料	蛋黄	100.0%
	芒果果泥	83.3%
	百香果果泥	41.7%
	稀奶油	41.7%
	白砂糖	31.2%
	荔枝果泥	20.8%
	菠萝果泥	20.8%
	番石榴果泥	12.5%
	牛奶	5.0%

操作步骤

步骤1　制作塔壳。

（1）将黄油、白砂糖混合后用手搅拌至发白。

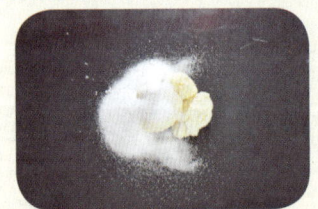

（2）加入蛋液，搅拌均匀。

（3）加入过筛的低筋粉和杏仁粉。

（4）搅拌、揉搓使其成团。

（5）将面团分割成若干块，取小块面团搓圆、压扁后压入塔模。

（6）用刮板修边，去掉多余的面坯，静置松弛1 h。

（7）将塔壳烘烤成熟（上火180 ℃、下火170 ℃，烘烤15 min左右）。

职业模块 7　创意甜品的设计与制作

步骤 2　制作水果奶酱。

（1）将各类水果果泥、牛奶和稀奶油混合，中火煮沸，搅拌均匀。

（2）将蛋黄与白砂糖混合，用打蛋器搅拌成蛋黄糊。

（3）将煮沸的混合物缓慢地倒入蛋黄糊中，搅拌均匀后加热至82 ℃，制成浓稠的水果奶酱，冷却，备用。

步骤 3　制作水果塔。

（1）将水果奶酱用裱花袋挤入塔壳。

（2）将表面抹平。

（3）装饰、摆盘。

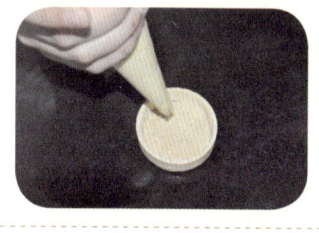

注意事项

将塔壳放入平炉进行烘烤前，应用牙签在其底部戳小孔。

制作烘烤类创意甜品——修女泡芙

操作准备

1. 设备工具

准备平炉、电磁炉、搅拌机、搅板、筛网、单柄锅、烤盘、玻璃碗、裱花袋、裱花嘴、打蛋器、筷子、餐盘等。

2. 原料

项目	原料名称	烘焙百分比
坯料	水	100.0%
	蛋液	75.0%
	低筋粉	60.0%
	黄油	50.0%
	白砂糖	4.0%
	酥皮	适量
酱料	稀奶油	100.0%
	黄油	30.0%
	白砂糖	13.2%
	蛋黄	11.3%
	低筋粉	5.7%
	高筋粉	5.7%
馅料	稀奶油	适量

操作步骤

步骤1　制作泡芙。

（1）将水、白砂糖、黄油煮沸。

（2）加入过筛的低筋粉进行烫面。

（3）待烫好的面糊冷却后将其放入搅拌机中。

（4）分次加入蛋液，搅拌均匀。

（5）待面糊成团后取出。

（6）将面糊装在裱花袋中，在烤盘上裱挤出泡芙生坯。

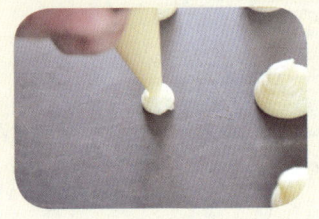

职业模块 7　创意甜品的设计与制作

（7）在泡芙生坯上压好酥皮。	（8）进行烘烤（上火 185 ℃、下火 175 ℃，烘烤时间 35 min 左右）。	（9）待泡芙烘烤成熟后取出，冷却，备用。

步骤 2　制作蛋黄酱。

（1）将蛋黄、白砂糖和过筛的高筋粉、低筋粉混合，用打蛋器搅拌均匀，形成面糊。		
（2）将稀奶油煮沸，加入搅好的面糊，继续加热并搅拌，直至酱料变黏稠。		
（3）加入黄油，搅拌均匀。		

步骤 3　制作修女泡芙。

（1）将泡芙用筷子头戳孔，挤入打发的稀奶油（馅料）。	（2）在泡芙表面裱挤适量的蛋黄酱。	（3）叠放另一个泡芙。

（4）在另一个泡芙表面裱挤适量的蛋黄酱。

（5）装饰、摆盘。

注意事项

1. 在制作泡芙时，当面糊冷却至50℃左右后方可分次加入蛋液。

2. 可用蛋液来调节面糊的稠度。面糊太稀会导致成品塌陷、底内凹、外形差；面糊太稠会导致成品体积小、底外凸、重心不稳。

制作烘烤类创意甜品——玛德琳蛋糕

操作准备

1. 设备工具

准备平炉、打蛋器、裱花袋、烤盘、玻璃碗、玛德琳模具、餐盘、筛网等。

2. 原料

项目	原料名称	烘焙百分比
面糊	鸡蛋	100.0%
	液态黄油	92.3%
	低筋粉	84.6%
	白砂糖	50.0%
	牛奶	15.4%
	泡打粉	3.8%
	柠檬汁	适量
	柠檬皮屑	适量

操作步骤

步骤1 将鸡蛋去壳搅打成全蛋液,再将全蛋液、白砂糖、柠檬皮屑、柠檬汁、牛奶混合后搅拌均匀。

步骤2 加入过筛的低筋粉和泡打粉,搅拌均匀。

步骤3 将液态黄油加入面糊中,搅拌均匀,形成蛋糕糊。

步骤4 将蛋糕糊装入裱花袋中。

步骤5 将蛋糕糊挤入玛德琳模具,进行烘烤(上火200 ℃、下火190 ℃,烘烤时间15 min)。

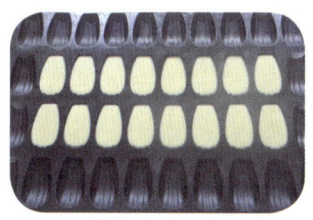

步骤6 取出成熟的玛德琳蛋糕,冷却,装盘。

注意事项

1. 在玛德琳模具中挤入蛋糕糊时不要挤满,蛋糕糊过多受热膨胀会溢出。
2. 烘烤过程中应时刻关注烘烤温度,防止成品烤糊。

制作烘烤类创意甜品——千层派

操作准备

1. 设备工具

准备平炉、搅拌机、滚针、烤盘、擀面杖、锯齿刀、油纸、裱花袋、裱花嘴、餐盘、保鲜膜等。

2. 原料

项目	原料名称	烘焙百分比
坯料	中筋粉	100.0%
	片状黄油	66.7%
	水	55.0%
	低筋粉	12.5%
馅料	卡仕达酱	适量
装饰料	焦糖酱	适量
	稀奶油	适量

操作步骤

步骤1 将水、中筋粉、低筋粉揉制成面团。

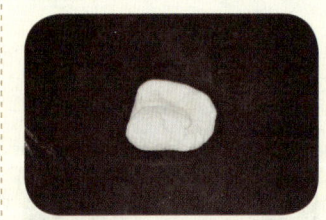

步骤2 将面团用保鲜膜包裹后使其静置松弛。

步骤3 将松弛好的面团擀成长方形面坯，并将片状黄油放在长方形面坯上方。

步骤4 用长方形面坯包裹片状黄油。

步骤5 采用四折法折叠面坯。

步骤6 用擀面杖将面坯擀长，再次四折法折叠；重复一次擀长、四折法折叠的过程。

步骤7 最后将面坯擀长。

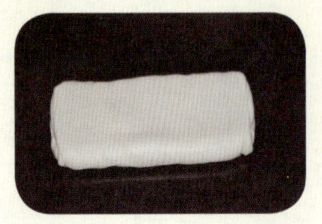

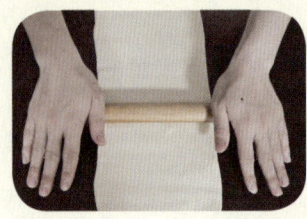

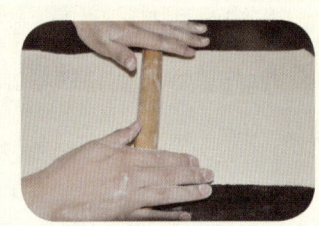

步骤8　用滚针在面坯上打洞。

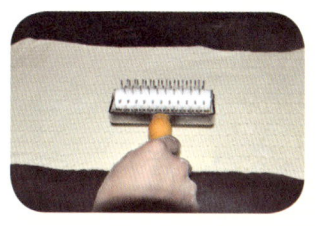

步骤9　在面坯上盖一张油纸、再盖一个烤盘，放入平炉进行烘烤（上火200 ℃、下火190 ℃，烘烤时间16 min）。

步骤10　取出成熟的千层片，待其冷却后用锯齿刀切分成等大的长方形薄片。

步骤11　将适量焦糖酱淋在餐盘上，用裱花袋将卡仕达酱裱挤在千层片上，注意美观性。

步骤12　盖上第二张千层片。

步骤13　再次裱挤卡仕达酱并盖上第三张千层片。

步骤14　将千层派横放在餐盘中（下方淋焦糖酱）。

步骤15　用打发的稀奶油进行装饰。

步骤16　完成制作。

注意事项

1. 在包油的过程中，片状黄油和面坯的硬度应保持一致。
2. 每次折叠后应松弛30 min。

培训单元3 创意甜品的装饰

了解原料和器皿的选用
掌握创意甜品的装饰方法和装饰注意事项
能够对创意甜品进行装饰

一、原料和器皿的选用

1. 原料的选用

淋面时一般选用软质巧克力、果酱、沙司等。

喷砂时一般选用软质巧克力、可可脂等。

点缀时一般选用巧克力装饰件、翻糖制品、糖艺制品、水果等。

裱挤时一般选用稀奶油、软质巧克力、果酱等较稀、较软的原料。

2. 器皿的选用

创意甜品的器皿可以多种多样,无特殊要求,但要符合可以盛放食品的基本要求。

二、创意甜品的装饰要求

创意甜品的装饰应符合使用要求,在颜色、图案等方面与甜品本身、使用场景相协调。

三、创意甜品的装饰方法

1. 淋面的装饰方法

淋面以手工淋面为主,也可以使用机器淋面。

2. 喷砂的装饰方法

一般使用喷枪对甜品进行喷砂，经喷砂装饰的甜品表面颜色更丰富、厚薄更均匀。

3. 点缀的装饰方法

点缀是指将巧克力装饰件、翻糖制品、糖艺制品、水果等摆放在甜品上。创意甜品的糖艺制品装饰如图7-1所示，创意甜品的水果装饰如图7-2所示。

图 7-1　创意甜品的糖艺制品装饰

图 7-2　创意甜品的水果装饰

4. 裱挤的装饰方法

裱挤是指用裱花袋（配适宜裱花嘴）将稀奶油、软质巧克力、果酱等较稀软的原料裱挤在甜品上进行装饰。

四、创意甜品的装饰注意事项

1. 注意装饰件的可食用性。
2. 进行装饰时要考虑装饰件与甜品的融合性。

3. 糖艺装饰件在使用前需要储存在干燥、避光的环境中。

4. 在用水果进行装饰时可在其表面刷糖水或淋镜面果胶，防止水果表面干裂而破坏创意甜品整体的美感。

创意甜品的巧克力淋面装饰

操作准备

1. 设备工具

准备冰箱、电磁炉、量杯、单柄锅、网架、烤盘、玻璃碗、餐盘、手持搅拌棒等。

2. 原料

项目	原料名称	烘焙百分比
酱料	白砂糖	100.0%
	葡萄糖浆	100.0%
	牛奶巧克力	86.7%
	炼乳	66.7%
	水	50.0%
	黑巧克力	13.3%
	明胶	6.6%

操作步骤

步骤1 将白砂糖、葡萄糖浆和水煮沸。

步骤2 在量杯中放入牛奶巧克力、黑巧克力和炼乳。

步骤3 将煮沸的糖水倒入量杯。

步骤4 用手持搅拌棒将混合物搅拌均匀。

步骤5 加入泡软的明胶，继续搅拌。

步骤6 将搅拌均匀的淋面酱放入冰箱冷藏。

步骤7 将创意甜品放在网架上，取出冷藏好的淋面酱进行淋面装饰。

步骤8 静置1 min，使淋面酱完全覆盖创意甜品。

步骤9 摆盘。

注意事项

淋面酱需要在其温度为 30～35 ℃时使用，使用之前还要将其搅拌一次，保证淋面酱的光泽度和流动性。

创意甜品的巧克力喷砂装饰

操作准备

1. 设备工具

准备电磁炉、喷枪、空气压缩机、转台、搅板、不锈钢盆、玻璃碗、餐盘等。

2. 原料

项目	原料名称	烘焙百分比
酱料	巧克力	100%
	可可脂	100%

操作步骤

步骤1　将可可脂和巧克力分别隔水融化后混合，用搅板搅拌均匀，调制成喷砂酱。

步骤2　将喷砂酱装入喷枪，将需要装饰的创意甜品放在转台上，进行喷砂装饰。

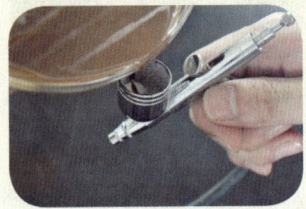

步骤3　摆盘。

注意事项

1. 待喷砂酱调制好、装入喷枪后，方可将冷藏或冷冻保存的创意甜品拿出进行喷砂装饰，否则创意甜品表面会有水滴（空气中的水蒸气液化）出现。

2. 喷砂酱的适宜使用温度为 30～35 ℃。

3. 需要进行喷砂装饰的创意甜品表面应光滑、无气孔。

4. 喷砂后创意甜品表面的颜色应比喷砂酱浅一些。

创意甜品的巧克力装饰件装饰

操作准备

1. 设备工具

准备大理石操作台、刮板（有锯齿边）、铲刀等。

2. 原料

准备液态巧克力。

操作步骤

步骤1　用铲刀在大理石操作台上对液态巧克力进行调温。

步骤2　用刮板制作巧克力装饰件。

步骤3　将巧克力装饰件弯折后点缀在创意甜品上。

注意事项

制作巧克力装饰件的液态巧克力温度不得超过 50 ℃。

创意甜品的翻糖制品装饰

操作准备

1. 设备工具

准备擀面杖、刻模等。

2. 原料

准备翻糖糖团。

操作步骤

步骤1　用擀面杖将翻糖糖团擀成糖皮。

步骤2　用刻模刻制翻糖制品。

步骤3　用翻糖制品等对创意甜品进行点缀装饰。

注意事项

1. 用刻模刻制翻糖制品时，动作应干净利落，防止糖团粘连而影响使用效果。
2. 做好的翻糖制品应储存在阴凉干燥处，防止翻糖制品吸潮后变软。

职业模块 ❽
厨房管理

内容结构图

- 厨房管理
  - 人员管理与技术指导
    - 西点厨房工作人员的配备
    - 沟通与解决质量问题
    - 技术指导
  - 生产管理
    - 西点厨房的组织管理
    - 西点厨房的布局
    - 西点厨房的生产设备管理
    - 西点厨房的食品安全管理
    - 西点厨房的生产安全管理
  - 质量管理
    - 原料的质量鉴别
    - 生产过程的质量管理
    - 成品的质量管理
  - 成本核算
    - 原料的成本核算
    - 产品的成本核算
  - 成本控制
    - 原料采购成本控制
    - 食品储存成本控制
    - 厨房生产成本控制
    - 厨房用工成本控制
    - 产品利润控制
  - 菜单设计
    - 按膳食平衡的原则设计西点菜单
    - 按成本要求设计西点菜单
    - 设计、配制节日点心
    - 常见菜单的设计
  - 菜单策划
    - 菜单策划的基础知识
    - 菜单定价

培训项目 1

人员管理与技术指导

培训单元 1　西点厨房工作人员的配备

了解西点厨房工作人员的配备知识
熟悉西点厨房工作人员的工作职责

一、西点厨房工作人员的配备原则

1. 以满负荷生产为中心,实现精练、高效的人员配备

为了实现"以满负荷生产为中心,实现精练、高效的人员配备"这一原则,在配备西点厨房工作人员时要综合考虑各种因素,如生产规模有多大,经营产品类别是什么,生产设备的先进性、功能性,工作人员的技术能力是否符合生产需求,企业经营时间的长短,等等。

2. 管理层责任与权力相当

"责"是指为了完成一定目标而履行的义务和承担的责任,"权"是指人们在承担某一责任时所拥有的相应的指挥权和决策权。管理层责任与权力相当的原则是指在设置组织结构时,必须在划清管理层责任的同时赋予其对等的权利。管理者必须明白,虽然有时责任和权利可以委派给下属,但管理者最终应当对下属的行为负责。要坚决避免"集体承担，共同负责，实际无人担责"的现象。

3. 管理跨度适当

管理跨度是指一个管理者能够直接有效地指挥、控制的下属人数，又称管理幅度、管理宽度。通常情况下，一个管理者的管理跨度不宜过大。上层管理者由于考虑问题的深度和广度不同，因此管理跨度要小些。基层管理者需要与厨房工作人员沟通并处理问题，管理跨度可大些。

作业形式不同，管理跨度也不同，通常集中作业比分散作业管理跨度要大些。

4. 加强分工协作

西点厨房需要多工种、多岗位、多种技术协同作业，任何环节不协调都会对工作产生影响。因此，既要明确岗位责任，又要加强合作与理解，发挥工作人员的最大能动性。

二、西点厨房工作人员的工作职责

1. 一般工作人员工作职责

（1）原料处理人员工作职责

1）根据生产所需决定原料的加工品种和数量，按时按质按量将原料交付给厨房使用。

2）保证储存原料的冷库等设施设备安全运行，确保原料先进先出、合理使用，不使用过期原料，保障食品安全。

（2）西点加工人员工作职责

1）正确使用各种加工西点的设备工具，负责清洁和保养工作。

2）严格按照加工标准和操作规程进行操作，做到物尽其用，控制废弃物，杜绝浪费。

3）控制西点的配置数量、质量，做好成本控制。

2. 厨师长工作职责

西点厨房的厨师长隶属行政总厨，是负责西点厨房具体工作的最高管理者。厨师长的工作职责具体如下：能根据消费者的需求及时制定菜单；熟悉西点厨房的各种操作规程及一般工作人员工作职责，确保西点厨房工作正常运行；检查西点厨房设施设备的使用情况，制订西点模具、用具、消耗品等的订购计划；贯彻执行食品安全相关的法律法规及各种卫生制度，检查厨房卫生，把控西点的食品安全；负责研发各种节日或活动的主题西点，不断改进已有品种并增加新品种，促进销售；定期组织及实施西点厨房一般工作人员的技术培训，并定期对西点厨房一般工作人员的技能水平进行评估；负责控制西点食品成本及有关的劳动成本；做好与相关各部门的联系和协调工作，积极听取消费者意见。

三、西点厨房工作人员的数量确定因素和配备要求

1. 西点厨房工作人员的数量确定因素

（1）根据厨房规模、生产任务等确定工作人员数量。如果厨房规模大、生产任务重、各种分工细、岗位设置多，则厨房所需工作人员数量就多，应进行合理排班。

（2）根据西点企业经营级别、消费者消费水平确定工作人员数量。西点企业经营级别高、消费者消费水平高，西点制作难度和质量要求就高，制作标准会更细致、讲究，厨房所需工作人员数量也相对要多。

（3）根据西点企业营业时间的长短确定工作人员数量。西点企业营业时间越长，厨房所需工作人员越多。

（4）根据厨房布局、设备完善程度和原料加工难易程度确定工作人员数量。厨房布局分散、设备不完善、原料加工复杂，则厨房所需工作人员数量就多；反之，则厨房所需工作人员数量就少。

2. 西点厨房工作人员的配备要求

（1）寻找最合适的人选。所谓最合适的人选并非指十全十美的人，而是指符合所在岗位任职资格的人。例如，一般情况下，男性比女性更适合制作面包，而女性比男性更适合制作裱花蛋糕。要知人善任，真正挖掘每个人的潜力。

（2）开展岗位竞争。西点厨房岗位较多，如面包制作、蛋糕制作、甜品制作、巧克力制作等，各岗位工作内容相差很大，应开展岗位竞争选拔人才。如果是要求制作标准化产品的岗位，则对工作人员的操作速度、产品质量把控要求更高。如果是制作巧克力制品、糖艺制品等的岗位，则需要工作人员具有很高的技术水平，且应有一定的创新意识和审美能力。

当然，西点企业应该从培养复合型人才的角度出发，培养兼具多种技能的工作人员，"做中学、学中做"会让工作人员有一种自豪感，同时也会让其对企业产生一种责任感。

（3）体现计划性。西点企业对厨房工作人员的配备应体现计划性，以应对突发情况或紧急生产任务对工作人员的需求。

培训单元 2　沟通与解决质量问题

掌握沟通的方法
能够通过沟通解决生产经营过程中的质量问题

一、沟通的重要性和方法

1. 沟通的重要性

对于同一件事，不同的人会有不同的看法，沟通能使自己更加了解他人的看法。沟通是人们工作、学习、生活中的重要组成部分。有些人时常抱怨他人不了解自己，事实上是其未与他人交流自己的想法，也就是说没有进行有效的沟通。

沟通既能增进员工的感情，消除误会，使员工学会换位思考进而体谅他人；又能使人敞开心扉，让人变得更加开朗，使工作氛围变得更加和谐。

2. 沟通的方法

沟通可分为语言沟通和非语言沟通，通常以语言沟通为主、以非语言沟通为辅，本书主要介绍语言沟通的相关知识。语言沟通又可分为口头沟通与书面沟通，其中口头沟通运用广泛，但书面沟通也具有一定的作用与效果。

（1）口头沟通。口头沟通是指人们相互交流，接受者在听到信息、理解信息后对信息进行评价并做出决策，最后给出反馈的过程。在工作中，不少通过口头沟通获得的信息容易被遗忘或忽略，所以有必要对口头沟通的内容做适当的书面记录。口头沟通的主要形式是面对面沟通和电话沟通。

1）面对面沟通。面对面沟通是指人们在进行口头沟通的时候是面对面的。面对面沟通是最常见的信息传递方式，常见的面对面沟通一般在正式会议和非正式会议中产生。它方便人们谈话，使人们在沟通的时候更容易互相理解。

2）电话沟通。电话沟通可大大节省时间。随着现代通信技术的发展，电话沟通的形式发生了变化，产生了视频通话、网络视频会议等新形式，几个人甚至上百人可以同时进行远程交流。

（2）书面沟通。书面沟通就是采用信函、报告、备忘录、电子邮件、通知、规章等书面形式进行信息传递和交流的过程。

书面沟通具有准确性、权威性、稳定性、唯一性、规范性等优点，但也有耗费时间、反馈不及时、无法与非语言沟通结合、对沟通者要求较高等缺点。

根据信息载体的不同，书面沟通可分为纸张沟通、传真沟通、电子邮件沟通、（无纸化）会议系统沟通等。

二、生产经营过程中的质量问题

1. 原料的质量问题

西式面点常用的原料主要有面粉、油脂、蛋品、糖、乳品等，原料的质量会影响成品的品质。

（1）面粉。面粉的含水量一般不超过14.5%，但是长期储存后其含水量会发生变化，所以不应储存过久。新鲜的面粉有麦香，如有腐败味或霉味、颜色发暗等，则说明面粉储存时间过长或已变质。

（2）油脂。油脂储存不当会酸败，食用后会造成食物中毒。

（3）蛋品。鲜蛋在常温下极易腐败变质，特别是在夏天，蛋壳上的致病菌最容易造成细菌性食物中毒。

（4）糖。糖易受外界湿度的影响而发生融化和结块现象。受潮的砂糖等会直接影响糖艺制品的制作效果。

（5）乳品。新鲜牛奶必须经过杀菌处理，以杀灭致病菌，便于储存。大部分乳品需要冷藏储存，以控制细菌繁殖，防止变质。

2. 加工制作过程中的质量问题

在加工制作过程中要考虑原料特性对制品质量的影响。

（1）混酥类制品。混酥类制品的特点是具有酥松性，如果面粉与蛋液过早混合，会提高面团筋力，影响制品的酥松性。

（2）清酥类制品。如果面粉筋力过低，则由其制成的冷水面团不易保持水分，清酥类生坯在烘烤过程中就不易起发；如果油脂油性（形成薄膜的能力）不足，则面层之间没有良好的油层阻隔，烘烤过程中产生的水蒸气就容易穿透油层"屏障"，成品口感不够酥脆。

（3）面包制品。酵母是面包的重要原料，在制作面包时，酵母过早接触盐会削弱其本身的发酵能力，影响发酵效果。

（4）冷制甜品。明胶是制作冷制甜品的常用凝固剂，但酸性物质会破坏明胶的凝固性，所以在使用明胶的甜品中不要直接使用酸性水果。

3. 成品保管过程中的质量问题

食品与非食品不能混放，食品仓库内不得存放有毒有害物质，也不得存放个人物品和杂物，以保证食品安全，防止食品受污染。应设专职岗位管理食品仓库，专职管理人员应做好食品出入库登记，做到先进先出、易坏先用，并及时检查和清理变质和超过保质期的食品。

储存、运输和装卸食品应使用符合食品安全要求的保温和冷藏设施，其他设备工具应安全、无害且保持清洁、干净。不得将食品与有毒有害物品一同运输。

三、沟通解决生产经营过程中的质量问题

1. 分析影响产品生产质量的因素

（1）人为因素。西点的生产是靠西式面点师来完成的，西式面点师的技术水平决定了西点生产质量的优劣。同时，西式面点师的情绪波动对产品生产质量也有直接影响。如果厨师长发现某位西式面点师有情绪波动，应及时对其进行情绪疏导。也就是要求厨房管理者要在生产一线进行现场督导，与员工多沟通，采用正确的激励方式，充分调动员工的积极性。

（2）自然因素。厨房产品的生产质量会受到原料质量、厨房环境、设施设备、工器具等客观因素的影响。如果原料质量不好、厨房环境较差、设施设备有故障、工器具缺失，那么产品生产质量要想符合标准就很困难。

2. 分析影响产品销售质量的因素

销售服务是厨房生产的延伸，有些西点产品甚至需要在餐桌上完成最后一道制作工序，因此服务人员的服务水平、应变能力会直接或间接影响产品的销售质量。在产品销售过程中，要进一步加强厨房与餐厅之间的有效沟通与配合，确保产品的销售质量。

培训单元3 技术指导

了解技术指导的意义、内容和要求

一、技术指导的意义

1. 使员工技能得到全面提升

技术指导可以提升员工的知识水平和技能水平,激发员工的潜能和创新意识,增强员工的市场竞争力,提高员工工作效率。技术指导是增加员工个人才干、增强员工敬业精神的重要途径,是人力资源开发的重要内容之一,是比物质资本投资更重要的人力资本投资。

技术指导为年轻员工提供了职业生涯发展空间,可减少员工的流失。

2. 解决生产方面的技术问题

对员工进行技术指导不仅使员工掌握实用、高效的操作技巧,还可优化工艺流程、精简工作内容,有利于解决生产方面的技术问题。

3. 有计划地实现生产目标

技术指导的目的是通过系统的、阶梯式的指导和培训来提高员工整体的生产力水平,进而实现生产目标。

有计划地实现生产目标的前提是完善培训体系,要做到对专职和兼职员工制订不同的培训计划,要将培训制度与薪酬制度、晋升制度相结合,提高员工的学习动力。

二、技术指导的内容

1. 职业道德

职业道德是指从事一定职业的人们在职业活动中应该遵循的,依靠社会舆论、传统习惯和内心信念来维持的行为规范的总和。

职业道德是社会道德体系的重要组成部分。它既有社会道德的一般作用，又有自身的特殊作用。它既涉及每个从业人员的工作风格，是每个从业人员生活态度、价值观念的外在表现形式；又是职业团体甚至一个行业整体人员素养的集中表现。

职业道德的基本职能是调节职能。职业道德可以调节从业人员与服务对象之间、从业人员之间、从业人员与职业之间的关系。

2. 专业理论知识

西式面点师专业理论知识内容非常丰富，通过技术指导能让员工进一步理解和掌握专业理论知识，进而提高技能操作水平。

3. 专业操作技能

西式面点师专业操作技能包括混酥类点心制作工艺、清酥类点心制作工艺、面包制作工艺、蛋糕制作工艺、泡芙制作工艺、甜品制作工艺、巧克力艺术造型制作工艺、糖艺制作工艺等。

三、技术指导的要求

1. 激发学员的积极思维

要求教师注意激发学员的学习动机，培养学员的学习兴趣，让学员成为学习的主人。在技术指导过程中，教师应不断地提出问题，帮助学员分析问题和解决问题。学员要积极思考，逐步提高分析问题和解决问题的能力。

2. 坚持教师的主导作用与学员的主体作用相结合

改变以教师为中心的教学观念，强调学员应积极主动地参与教学活动，建立一种平等合作、教学相长的伙伴关系，充分调动每一位学员的主动性、积极性和创造性。

3. 在教学过程和教学方法上注重教师与学员之间的交流

现代教学思想反对"满堂灌式""填鸭式"的注入式教学，而是鼓励学员积极思考、敢于提出问题，培养学员的创新精神。

4. 善于总结

（1）学员总结。学员应对技术指导全过程进行回顾反思，整理思路，总结收获，尤其要总结学到的新工艺、新方法，举一反三，把感性经验上升为理性认识。

（2）教师总结。教师应对教学全过程进行全面总结，既要总结成功经验，又要总结失误与不足，以使下一次教学效果更好。

培训项目 2

生产管理

培训单元 1　西点厨房的组织管理

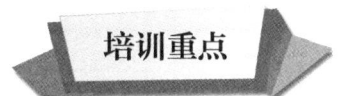

了解西点厨房组织结构的设置原则
了解西点厨房管理部门的职能

一、西点厨房组织结构的设置原则

西点厨房组织结构的设置具体有以下 5 个原则。

1. 垂直指挥原则

垂直指挥原则要求每位工作人员原则上只接受一位上级管理者的指挥,各级、各层次的管理者只按级或按层次向本人所管辖的下属布置任务。

2. 责任与权力相当原则

具体内容参考前文。

3. 管理跨度适当原则

通常情况下,西点厨房中一个管理者的管理幅度以 3～6 人为宜。

4. 能职匹配原则

设置组织结构的同时要考虑工作人员的配备。配备西点厨房工作人员时,应遵循知人善任、选贤任能、用人所长、人尽其才的原则。同时，要注意工作人员在年龄、知识、专业技能、职称上的匹配度与合理性。

5. 精干与效率原则

要在满足生产管理需要的前提下，把组织结构中的工作人员数量降到最低，目的在于强调分工协作、讲求效率。在西点厨房组织结构设置中，应尽可能地缩短指挥链，减少管理层次。

> **小贴士**
> 常按照餐位数确定西点制作人员：对于规模较大、级别较高的饭店，一般13～15个餐位配1名西点制作人员；对于规模较小或级别更高的特色饭店，一般7～8个餐位配1名西点制作人员。

二、西点厨房管理部门的职能

西点企业应设置相应的管理部门，如生产管理部门、品质管理部门、卫生管理部门等。生产管理部门主要负责原料处理、加工及成品的管理工作。品质管理部门主要负责成品规格与标准的制定、抽样检验、品质追踪管理等工作。卫生管理部门主要负责环境和设施设备卫生、人员卫生、操作卫生以及卫生培训等工作。

培训单元2　西点厨房的布局

了解布局的基本知识

熟悉西点厨房分区的基本要求

一、布局的基本知识

1. 厨房的布局类型

西点厨房应根据建筑结构、面积、高度以及设备情况进行布局，常见的布局类型有L形布局、直线形布局、平行布局和U形布局。

（1）L形布局。在建筑面积有限的情况下，往往采用L形布局。L形布局通常将设备沿L形墙壁分类摆设，西式面点师能兼顾一组设备，既有分工又可协同操作。

（2）直线形布局。直线形布局适用于高度分工合作、场地面积较大、相对集中的大型饭店西点厨房。直线形布局通常将设备沿直线墙壁排列，并设置一个通风排气罩集中排烟。在直线形布局西点厨房中，每位西式面点师只专门负责某一类西点的制作。这种布局使整个厨房整洁清爽、流程合理，但传菜时走路的距离较远，可能会影响出品速度。

（3）平行布局。平行布局是指把主要设备背靠背地设置在厨房内，置于同一通风排气罩下，西式面点师相对而立进行操作。平行布局适用于方形厨房。这种布局的优点是设备较为集中，但操作区与原料、工具存放处等是背向的，必须多走路。

（4）U形布局。U形布局适用于设备较多、工作人员不多、出品集中的西点厨房。在U形布局厨房中，设备是摆放在四周的，只有一个出入口供工作人员、原料进出。这种布局的优点是人在中间操作，取料方便可减少走路距离；设备靠墙摆放，可充分利用墙壁和空间，整体上显得整洁。

2. 影响厨房整体布局的因素

厨房整体布局是指在确定厨房规模、形状、建筑风格、装修标准以及厨房内各区域之间关系和生产流程的基础上，具体确定厨房内各区域位置以及厨房设施设备的分布。影响厨房整体布局的因素具体有以下几个。

（1）场地因素。场地形状和空间大小是直接影响厨房布局的因素。适宜的场地面积既有利于规范设计，也有利于配置充足的设施设备。

厨房与餐厅是一个整体，若厨房与餐厅在同一楼层或平面，则便于原料出库、西点制作和出品，也便于垃圾清运。若厨房与餐厅不在同一平面，或者场地狭小、不规整，厨房布局就比较困难，但是只要灵活设计，还是可以提高工作效率的。

（2）设备因素。西点厨房与中点厨房、西烹厨房、中烹厨房在功能上有较大差别，西点厨房侧重于加工设备的配置，因而厨房布局要方便机械设备的操作、保养和保洁。

（3）公用设施因素。公用设施包括电路、燃气管道等的分布情况。在布局西点厨房时必须考虑公用设施对设备有效性及生产安全的影响，在充分考虑公用设施现状的同时应结合发展规划，使布局具有一定的超前意识。

（4）法律法规因素。西点厨房在布局时必须考虑《中华人民共和国消防法》《中华人民共和国食品安全法》以及其他法律法规对厨房面积、流程设计、人员走向、设备选型等方面的相关要求，避免布局不合法、不安全、不合理。

3. 厨房位置的确定原则

（1）确保厨房周围的环境卫生，附近不能有任何污染源。

（2）厨房必须安装排油、排烟的设施设备，且不影响周边居民、企业的正常生活、工作，同时应减少对环境的影响。

（3）厨房不能设立在地下室等密闭环境内，必须符合消防要求。

（4）厨房位置要便于原料的运输及垃圾的清运。

（5）厨房要靠近配置公用设施的地方，以节约投资。

4. 厨房面积的影响因素

西点原料基本上是可以直接使用的，如面粉、油脂、糖、蛋品、乳品等，尤其是西点的馅料，一般使用半成品，不需要过多的"粗加工"，因此，西点厨房的原料加工场地可以相对小一些。

现阶段厨房设备更新换代周期缩短，集约化、整体化的厨房设施设备在一定程度上节约了厨房空间。

二、西点厨房分区的基本要求

按厨房生产流程的特点可将厨房划分为食品储存区、原料加工区、西点制作区、冷加工区、备餐区和洗涤区。

1. 食品储存区

原料进入西点企业后，除生鲜原料外，本身处于冰冻状态的原料需要放入冷冻间存放，干货、添加剂等原料需要单独保管。日常生产使用较多的鸡蛋等生鲜原料可直接进入厨房区域，以便随时加工。食品储存区的设置要求具体有以下几点。

（1）分类储存。为了防止各种原料相互串味、相互污染，便于储存蔬果、乳品、蛋品、肉制品等有不同储存要求的原料，在设计西点厨房时应统筹考虑食品储存区的分类储存情况。注意：运输线路要短，防止交叉污染。

（2）防鼠、防虫措施齐全。各类库房在设计时必须首先考虑防鼠、防虫，天然采光、自然通风的窗洞口面积、通风开口面积都必须符合标准。

（3）设计足够的货架。货架按不同的储存温度分区、分层布置，其尺寸及高度应根据建筑高度和货物包装规格、货物堆码方式等因素确定。

（4）设计无障碍通道。食品储存区货物进出频繁，设计无障碍通道可方便货物运送，有利于提高工作效率，保证安全生产。

2. 原料加工区

（1）与食品储存区设计在相邻区域。原料进出加工区与原料进出食品储存区的工作量一样大，因此可将原料加工区设在食品储存区的相邻区域。

（2）分设清洗水池，防止原料反流。原料加工区要按生产流程设计，应避免已送入下一道工序的原料反流回上一道工序的区域，同时遗留的残留物应及时妥善处理。

（3）设计足够的货架和冷冻冷藏设备。原料加工前后必须按加工与否、原料种类、加工时间、保存温度贴标签分别存放，避免原料过期、腐败、相互串味。

（4）设计大口径的下水道和热水管。原料加工区的杂质多，应设计大口径的下水道防止其阻塞。同时，可设置热水管，以满足原料加工区对热水的需求。

3. 西点制作区

（1）加热设施单独放置。加热设施周围的温度、湿度一般相对较高，因而不利于西点半成品的存放，所以应单独放置加热设施，避免其影响面点制作的其他环节。

（2）设置足够大的操作台和适量的活动台车。多数西点是在各类操作台上制作完成的，因此西点厨房的操作台应够用、够大。放置烤盘的活动台车使用灵活方便，可有效节约厨房空间。

（3）设置与生产量匹配的通风排烟系统。西点厨房对温度、湿度要求较高，无论是分设还是一体化的西点制作区，排风排气、降温除湿设备都是非常必要的，要根据最大生产量进行配置。

（4）裱花等作业区要设置消毒装置。裱花蛋糕等糕点的最后一道制作工序使用的原料极易被有害微生物污染，所以必须按照熟食专间标准配置各种消毒装置，同时应设置符合要求的更衣室、洗手台、消毒水池等。

（5）设置独立的冷冻冷藏设备。由于产品特性不同，因此西点制作区的成品和半成品需要与其他物品分开保存。

4. 冷加工区

冷加工区是负责冷菜熟制、改刀装盘的区域。冷加工区的基本要求有以下几点。

（1）设计二次更衣室。冷加工区的入口应设有通过式消毒设施，即二次更衣室。二次更衣室应设有双槽洗手消毒池、挂衣架、工具柜等。

（2）低温、严格消毒。冷加工区的室内温度不得高于 25 ℃，如果室内温度过高，有害微生物会迅速繁殖，不利于成品存放；冷加工区还必须安装紫外线消毒灯，且每天工作后应对该区域及设备设施进行消毒。

（3）设置足够的冷藏设备。冷食西点制品的原料、半成品、成品必须放入冷藏设备中存放，必须做到生熟分开，避免交叉污染。

5. 备餐区

备餐区对西点出品秩序的完善有重要作用。有些餐厅规定，西点调料、进食用具等必须在此区域内配齐，否则视为违规。备餐区的位置多在厨房与餐厅之间，其面积与设备和制品数量有关。

大型餐饮企业可能是多楼层的，某些楼层远离厨房，在这种情况下有些西点出品后有再次加热的需求，所以要在备餐区配置微波炉、电加热器等设备。

6. 洗涤区

洗涤区是保证餐具洗涤卫生，保证厨房生产及成品品质的重要区域。洗涤区的基本要求有以下几点。

（1）独立设置。由于潮气和残食垃圾可能造成污染，因此洗涤区必须独立设置，同时要有排水设计、排油装置，并配置热水器等热源。

（2）应尽量靠近厨房、餐厅，并力求与餐厅在同一平面。这种设计主要是为了降低传送餐具的劳动强度，方便传送有污渍的餐具和厨房用具。

（3）必须配置可靠的消毒设施。洗涤区不仅承担餐具、厨房用具的清洗工作，而且承担相应的消毒工作，因此需要配置足量的消毒设施。

培训单元 3　西点厨房的生产设备管理

了解西点厨房生产设备的种类与选购知识

熟悉西点厨房生产设备的管理制度和管理措施

一、西点厨房生产设备的种类

1. 搅拌设备

搅拌设备是一类用来搅拌鸡蛋、稀奶油和面团的设备。常用的搅拌设备有面包面团搅拌机、多用途搅拌机和小型台式搅拌机。

（1）面包面团搅拌机。面包面团搅拌机又称和面机，是专门用于面包制作的搅拌设备，主要用于调制面包面团，具有功率大、一次加工面团多的特点。

（2）多用途搅拌机。多用途搅拌机是指利用搅拌器的机械运动将蛋液等搅打起泡的搅拌设备。多用途搅拌机一般具有三段变速功能，兼有和面、搅拌稀奶油等用途。

（3）小型台式搅拌机。小型台式搅拌机一般只搅拌少量稀奶油或蛋液，一般采用无节变速装置，具有小巧轻便、操作方便的特点，是裱花间的常备机械设备。

2. 成型设备

常用的成型设备有酥皮机、切片机和面团整形机。

（1）酥皮机。酥皮机又称压面机、开酥机，是指利用压辊将揉制好的面团压成所需厚度的面坯，以便进一步加工的成型设备。

酥皮机主要擀制起酥面包面团和清酥类制品面团。酥皮机的擀制效果比手工好，具有制品质量稳定的优点，可大大降低劳动强度。

（2）切片机。切片机是指运用一组排列均匀的刀片的机械运动，对制品进行切片加工的成型设备。

（3）面团整形机。面团整形机是指对面团进行分块、揉圆、搓条的外形加工及定型的专用成型设备。面团整形机根据功能可细分为面团分块机、面团揉圆机、面团搓条机等。面团整形机能提高面团制品成型的稳定性，减轻制作者的劳动强度。

3. 醒发设备

常用的醒发设备是醒发箱。醒发箱的工作原理是靠电能将空气和水槽内的水加热，使面团在一定温度和湿度条件下充分地发酵、膨胀。在使用醒发箱时，水槽内不能无水干烧，否则设备会严重损坏。一般先将醒发箱调节到理想的温度、湿度，然后再进行面团醒发。

醒发箱按能否自动补水可分为自动醒发箱和半自动醒发箱两类，按大小分为醒发箱、醒发房等多种规格。

为了满足现代面包的制作需要，发展出了具有延时醒发功能的冷藏醒发箱，其温度可控制在 2~40 ℃。

4. 成熟设备

常用的成熟设备主要有烤炉（烤箱）、燃气灶、油炸炉、微波炉等。

（1）烤炉。烤炉有生产用烤炉和家用烤炉两大类。生产用烤炉按形状和功能分为平炉、旋转烤炉、隧道烤炉等，按热源分为电烤炉和燃气烤炉。

（2）燃气灶。燃气灶是明火加热设备，一般分为大型厨房燃气灶和小型家用燃气灶两类，其气源有管道煤气、管道天然气、液化天然气等。

（3）油炸炉。油炸炉是油炸制品的成熟设备。油炸炉的加热装置一般是电热管，装温控仪后，可自动控制油温。油炸炉也能盛水，具有使用方便、便于清洁和操作等特点。

（4）微波炉。微波炉是利用微波对食品内外同时进行加热的设备，在西点制作中常用于加热、融化原料。微波炉具有加热迅速、便于清洁和操作的特点。

5. 恒温设备

恒温设备是制作西点必不可少的设备，主要用于食品原料、半成品及成品的冷藏、冷冻。冰箱是西点制作的常用恒温设备。

二、西点厨房生产设备的选购

西点厨房生产设备的选购关系到投资成本、生产效率、卫生安全等。因此，在选购生产设备时要从性能、价格、使用、维护等方面进行认真的考察，让有限的投资成本产生最大的经济效益。

1. 选购原则

选购西点厨房生产设备的总原则是技术上要先进、经济上要合理、操作上要方便，能满足生产的需要，低耗能、易清洁、易保养。

2. 选购方式

西点厨房生产设备的选购方式一般分为市场购买和预先定制两种。

三、西点厨房生产设备的管理制度和管理措施

1. 管理制度

（1）严禁在厨房内打闹、奔跑。每一位工作人员都必须认识到生产安全与人身安全的重要性。

（2）必须按照操作规程使用机械设备，未经培训的人员严禁操作。

（3）厨房的刀具必须小心使用和保管，做到定点存放和用后归位。

（4）厨房严禁堆放杂物，过热液体严禁存放于高处。

（5）严禁身份不明的人员进入厨房，以免发生意外事故。

（6）使用天然气时必须先检查阀门开关再点火，以确保安全，必须养成火不离人、人离关火的习惯；下班时必须关闭各生产设备开关，制定每日签名确认制度。

（7）要严格执行厨房的消防安全制度。所有消防通道不得摆放任何障碍物，严禁在厨房内抽烟或在厨房运作时进行电焊操作。

（8）地板必须保持清洁，无油腻、无水迹、无卫生死角、无杂物堆放。

（9）厨房内的各种电气设备必须定期维护保养，不得超负荷使用电气设备。

（10）厨房用具必须符合卫生标准。

2. 管理措施

（1）建立健全岗位责任制。厨房生产设备的管理应做到定人、定岗、定部门，遵循谁使用、谁负责清洁的原则，还应定期请有关技术人员进行生产设备的维护和保养。

（2）严格遵守操作规程。一般生产设备都有操作规程，必须严格按规程进行操作。

（3）采取可靠的安全措施。对厨房中不安全的工作部位要安装防护装置，对新上岗的工作人员应进行生产设备知识培训和安全教育。

（4）明确生产设备的使用注意事项。严格按设备性能和工作原理进行操作，主要生产设备的操作程序和注意事项应在显眼处标明。要求工作人员合理使用动力设备，减少不必要的能源消耗。

培训单元 4　西点厨房的食品安全管理

了解《中华人民共和国食品安全法》的相关知识
熟悉西点厨房的食品安全制度要求和卫生要求

一、法律法规

1.《中华人民共和国食品安全法》

《中华人民共和国食品安全法》由中华人民共和国第十一届全国人民代表大会常务委员会第七次会议于 2009 年 2 月 28 日通过。2015 年 4 月 24 日,《中华人民共和国食品安全法》修订本公布,修订后的《中华人民共和国食品安全法》自 2015 年 10 月 1 日起施行。现行《中华人民共和国食品安全法》于 2018 年 12 月 29 日修正。

《中华人民共和国食品安全法》将我国长期以来实行的、行之有效的食品安全工作方针、政策等用法律的形式确定下来,使之成为全社会食品安全保障的行为准则,从而将我国的食品安全工作置于国家和广大人民群众的监督之下。

《中华人民共和国食品安全法》的颁布,是全国人民生活中的一件大事,也是我国建设社会主义物质文明和精神文明的一件大事,标志着我国食品安全工作已进入法制管理轨道,具有重要的现实意义和深远的历史意义。

《中华人民共和国食品安全法》规定食品生产经营者应当依照法律法规和食品安全标准从事生产经营活动。

2. 其他法律法规

除了《中华人民共和国食品安全法》外,与西点行业有关的法律法规还有

《餐饮服务食品安全监督管理办法》等。

违反食品安全相关法律法规应承担法律责任，规定这些法律责任的法律法规有《中华人民共和国刑法》《国务院关于加强食品等产品安全监督管理的特别规定》等。

二、西点厨房的食品安全制度要求

国家对食品生产经营实行许可制度。从事食品生产、食品销售、餐饮服务，应当依法取得许可。食品生产经营者应当依照法律法规和食品安全标准从事生产经营活动，保证食品安全，诚信自律，对社会和公众负责，接受社会监督，承担社会责任。

食品生产经营企业应当建立健全食品安全管理制度，对职工进行食品安全知识培训，加强食品检验工作，依法从事生产经营活动。食品生产经营企业的主要负责人应当落实企业食品安全管理制度，对本企业的食品安全工作全面负责。食品生产经营企业应当配备食品安全管理人员，加强对其培训和考核。经考核不具备食品安全管理能力的，不得上岗。

食品生产经营者应当建立并执行从业人员健康管理制度。患有国务院卫生行政部门规定的有碍食品安全疾病的人员，不得从事接触直接入口食品的工作。从事接触直接入口食品工作的食品生产经营人员应当每年进行健康检查，取得健康证明后方可上岗工作。

三、西点厨房的卫生要求

1. 人员卫生要求

（1）食品从业人员基本要求。患有霍乱、细菌性和阿米巴性痢疾、伤寒和副伤寒、病毒性肝炎（甲型、戊型）、活动性肺结核、化脓性或渗出性皮肤病的人员不得从事接触直接入口食品的工作。

个人卫生做到"四勤"，即勤洗手剪指甲、勤洗澡理发、勤洗衣服、勤换工作服。保持手的清洁对食品从业人员尤为重要。

食品从业人员进入食品操作间工作时，要做到"三净"，即工作服、工作帽、工作鞋保持干净；进入食品专间工作时，要做到"四净"，即工作服、工作帽、工作鞋、口罩保持干净。

（2）食品从业人员晨检要求。晨检是指每天上岗前检查员工是否有发热、腹泻、皮肤伤口感染、咽部炎症等症状。有上述症状的人员应立即离开工作岗位，待查明原因并恢复健康后，方可重新上岗，并做好记录。

2. 环境卫生要求

食品制作场所必须符合国家有关卫生规范要求，选址时要选择水源符合饮水卫生要求、无任何有害物质的污染、自然条件良好、空气新鲜的地方。

接触直接入口食品的操作专间需设立独立隔间，配备独立式空调、食品温度计、清洗消毒水池、专用冷藏设备、净水设备、紫外线消毒灯等。

3. 设备卫生要求

（1）冷藏设备的卫生要求

1）食品冷藏前必须新鲜、无污染，取用时应严格贯彻先进先出的原则。

2）冷藏温度不能忽高忽低。不要频繁打开冷藏设备，应由专人存取货物。

3）冷藏设备内严禁存放药品和杂物，以防污染食品或发生误食事故。

4）应定期检查长期冷藏的原料质量，如肉是否腐败、油脂是否酸败、植物性原料有无霉变现象等。

5）应对冷藏设备进行定期清洗和定期除霜、消毒，彻底消除有害微生物污染。

（2）机械设备的卫生要求

1）西点厨房应按照原料进入、原料处理、半成品加工、成品供应的流程合理布局机械设备，防止在操作中产生交叉污染。

2）主要机械设备宜采用不锈钢材料，易于维修和清洁。

3）西点厨房应安装机械排风设备、空调等，保持良好的通风，及时排除潮气和污浊空气。

4. 工器具卫生要求

工器具要实行"四过关"，即一洗、二刷、三冲、四消毒，经常使用的工器具可用电子消毒柜存放，以达到较好的消毒效果。具体要求有：抹布要勤洗、勤换，不能一块抹布多种用途，以免交叉污染；操作台使用后一定要及时、彻底地清洗干净，一般先将操作台上的物料清扫干净，然后用水刷洗，再用湿布擦干净；容器与食品的接触面应平滑、无凹陷或裂缝，避免食品碎屑、污垢等聚积；生熟食品的盛器要加以区分；等等。

培训单元 5 　 西点厨房的生产安全管理

了解西点厨房的安全隐患
熟悉西点厨房的生产安全管理制度

一、西点厨房的安全隐患

西点厨房经常进行明火操作，因而易存在引发火灾的安全隐患（即火灾事故隐患）。例如：西式面点师操作不当或油锅持续高温可能引发火灾；燃气管道疏于检查，燃气泄漏遇明火极易引发火灾甚至爆炸；排烟罩及烟道油垢堆积，遇明火易引发火灾；电气线路老化、短路易引发火灾；等等。将以上安全隐患消灭在萌芽状态，是西点厨房生产安全工作的重要内容之一。

二、西点厨房的生产安全管理制度

1. 防火责任人

厨房防火的第一责任人是厨师长，每位厨师（西式面点师）是各自岗位区域的防火责任人。防火制度必须人人遵守。

西点厨房每位工作人员都必须熟知火灾发生时应采取的行动及步骤，一旦发生火灾，应立即通知消防救援部门。工作人员应能熟练使用各种灭火器材、火灾报警器，熟记最近的消防疏散门的位置。

2. 电气设备的安全管理制度

西点厨房各电气设备的布局、安装、使用必须符合防火相关的国家标准和行业标准，同时提倡安全的人性化设计。制定电气设备的安全使用制度时可参考以下几点。

（1）严禁超负荷使用电气设备。

（2）电气设备要有良好的绝缘保护。电气设备要良好接地，并有合格的保险装置。电气设备的开关要安装在方便处理应急事件的部位。

（3）不擅自移动各种灭火器材、消防设施。

（4）严格按安全操作规程使用电气设备。

3. 燃气设备的安全管理制度

（1）燃气设备操作人员必须受过专门培训，掌握安全操作基本知识。发现漏气时不能开启点火开关，应立即报修。一旦发生火灾，应立即切断电源，关闭燃气总阀，报火警的同时使用灭火器材扑救。

（2）严格执行检查维保制度。每天工作前后都应检查各种燃气设备，确保下一次的安全使用。

4. 压力容器的安全管理制度

在厨房不当使用压力锅、卡式炉、液化石油气钢瓶等压力容器时极易引发爆炸，造成人身伤亡和财产损失，因此，必须制定并严格执行相关的安全管理制度，可参考以下内容。

（1）选购正规厂家生产的有产品合格证的压力锅、卡式炉、液化石油气钢瓶等压力容器，首次使用前务必仔细阅读使用说明书。

（2）压力锅的安全管理要点

1）应严格按使用说明书进行操作。

2）不可将压力锅置于高温环境下使用。

3）压力锅喷气时要注意安全，避免烫伤。

4）每次使用之前都应检查排气孔是否畅通，使用后及时清洗食物残渣。

5）压力锅内有压力时切勿强行打开锅盖。

6）用压力锅烹煮食物时不要用重物压减压阀（即不要擅自加压）。

（3）卡式炉的安全管理要点

1）应严格按使用说明书进行操作。

2）不用卡式炉时，需要将丁烷气罐取下来，并放置到安全的地方。

（4）液化石油气钢瓶的安全管理要点

1）按国家相关要求对液化石油气钢瓶进行检验、报废。

2）不要长期闲置、超量储存液化石油气钢瓶。

3）液化石油气钢瓶应直立使用。

4）严禁用火、水蒸气、热水等加热液化石油气钢瓶，严禁将其放在露天烈日下暴晒，严禁明火试漏。

5）残液必须由专业人员进行处理，禁止任意排放。

6）严禁私自维修液化石油气钢瓶的各部件。

培训项目 3　质量管理

培训单元 1　原料的质量鉴别

掌握质量管理的基础知识
熟悉质量鉴别方法

一、质量管理的基础知识

1. 概念

（1）质量。质量是指产品或服务提供者提供给消费者的产品或服务，在一定程度上和一定时间内满足消费者需求的程度。

（2）质量管理。质量管理是指确定质量方针、目标和职责，并通过质量体系中的质量策划、质量控制、质量保证和质量改进来实现所有管理职能的全部活动。

（3）质量保证。质量保证是质量管理的一部分，是指为使人们确信产品或服务能满足质量要求而在质量管理体系中实施并根据需要进行证实的全部有计划和有系统的活动。质量保证一般适用于有合同的场合，其主要目的是使消费者确信产品或服务能满足规定的质量要求。

（4）质量管理体系。质量管理体系是指在质量方面指挥和控制企业的管理体系。质量管理体系是企业内部建立的、为实现质量目标所必需的、系统的质量管理模式，是企业的一项战略决策。它将资源与过程结合，以过程管理方法进行系统管理，根据企业特点选用若干体系要素加以组合，一般由与管理活动、资源提供、产品实现以及测量、分析和改进活动相关的过程组成，可以理解为涵盖了从确定需求、设计、生产、检验、销售到交付全过程的策划、实施、监控、纠正与改进活动的要求，一般以文件的形式呈现，成为企业内部质量管理工作的系统性要求。

2. 法律与标准

（1）《中华人民共和国产品质量法》。《中华人民共和国产品质量法》是为了加强对产品质量的监督管理、提高产品质量水平、明确产品质量责任、保护消费者的合法权益、维护社会经济秩序而制定的。该法于1993年2月22日经第七届全国人民代表大会常务委员会第三十次会议通过，自1993年9月1日起施行。现行的《中华人民共和国产品质量法》是2018年12月29日第三次修正并实施的。

《中华人民共和国产品质量法》共有六章七十四条，对产品质量的监督，生产者、销售者的产品质量责任和义务，损害赔偿，罚则和附则等方面作出法律规定。

（2）ISO质量管理体系。ISO是国际标准化组织的英文缩写。该组织负责制定和发布非电工类的国际标准。该组织发布的标准均冠以"ISO"的字头。

ISO质量管理体系是用于证实企业具有提供满足质量要求的合法产品的能力，目的在于提高消费者满意度。随着商品经济规模的不断扩大和日益国际化，为提高产品的信誉，减少重复检验，削弱和消除贸易技术壁垒，维护生产者、经营者、消费者各方权益，ISO质量管理体系成为各国对产品和企业进行质量评价和监督的依据。

凡是通过ISO质量管理体系认证的企业，其在各项管理系统整合上已达到了国际标准，能够持续稳定地向消费者提供符合预期的合格产品。站在消费者的角度，通过ISO质量管理体系认证的企业能够以消费者为中心，满足消费者所需，让消费者满意，不诱导消费者。

ISO 9000 系列标准是质量管理理论与实践发展的产物，也是国际贸易迅速发展的产物。

二、质量鉴别的方法

1. 感官鉴别

感官鉴别是食品行业中最基本、最实用、最简便有效的鉴别方法。感官鉴别是指利用感觉器官对食品的质量加以鉴赏，进而评定食品各项指标的方法。感官鉴别分为嗅觉鉴别、视觉鉴别、味觉鉴别和触觉鉴别，分别检查食品的香、色与形、味、质。

（1）嗅觉鉴别。嗅觉鉴别是指综合运用嗅觉器官来鉴别食品的气味。

（2）视觉鉴别。视觉鉴别是指根据经验，用肉眼对食品的外部特征如颜色、光泽、形态、造型、装饰等进行检查、鉴赏，以鉴别其质量优劣。

（3）味觉鉴别。味觉鉴别是指利用舌头的味蕾接触食品，辨别食品的甜、咸、酸、苦。味觉鉴别主要用于鉴别食品的口味是否恰当、是否符合要求。

（4）触觉鉴别。触觉鉴别是指对食品进行直接或间接的按、摸、敲、咀嚼等，以鉴别食品的内部组织、质感等。

2. 仪器鉴别

为了将鉴别结果数据化，更准确地描述和控制食品品质，一般利用仪器对食品进行质量测定。仪器鉴别法又称客观评价法。常用的仪器有黏度仪、流变仪、物性仪等。

3. 对比鉴别

对比鉴别是指采用国家标准、行业标准中的检验方法对食品进行检验，并将检验结果与标准样品或原料检验报告进行对比的鉴别方法。对比鉴别常用于检测西点原料的食品卫生指标。

三、部分西点原料的质量鉴别

西点原料的质量鉴别一般采用感官鉴别的方法。

1. 面粉

（1）嗅觉鉴别。新鲜的面粉有正常的小麦气味，如有腐败味、霉味，则说明面粉储存时间过长或已经变质。

（2）视觉鉴别。面粉的颜色与加工精度有关，颜色越白，加工精度越高，但维生素等的含量相对会降低。此外，小麦中类胡萝卜素的含量也会影响面粉的颜色。

2. 油脂

（1）嗅觉鉴别。植物油应有植物的清香味，加热时无油烟味。动物油有其本身的特殊气味，要经过脱臭方可使用。

（2）视觉鉴别。植物油一般呈微黄色，清澈明亮。黄油一般呈淡黄色，质地细腻。稀奶油洁白而有光泽，质地较浓稠。

（3）味觉鉴别。植物油应有植物本身的香味，无异味或哈喇味。黄油和稀奶油应有奶香味，有爽口润喉的感觉。

3. 鸡蛋

（1）嗅觉鉴别。新鲜鸡蛋打开后倒出的内容物应无不正常气味。

（2）视觉鉴别。新鲜鸡蛋蛋壳明亮、干净，无破损或异样。新鲜鸡蛋的蛋白和蛋黄在打开蛋壳时是各自保持完整的，其中蛋白应是无色、透明的。

煮熟的鸡蛋蛋白呈白色，蛋黄呈黄色。

（3）味觉鉴别。煮熟的鸡蛋蛋白无味，蛋黄味淡而香。

培训单元 2　生产过程的质量管理

了解原料加工和西点加工制作的质量管理内容

一、原料加工的质量管理

原料加工是西点厨房整个生产过程的基础。原料加工的质量不仅直接影响西点成品的色、香、味、形、营养成分和食用安全，还决定了原料出材率，对产品成本控制有较大影响。这一阶段的质量管理要严格执行原料加工操作规范，对原料的初加工和深加工在规格质量、加工数量、出品时效等方面进行科学的管理。

 **相关链接**

> 原料出材率是指原料加工后可用部分的重量与加工前全部原料总重量的比值。原料出材率越高，西点的单位成本就越低。原料出材率的高低取决于原料本身的重量，也是西式面点师工作态度和技术水平的体现。

二、西点加工制作的质量管理

西点加工制作的质量管理主要包括分量管理、制作工艺流程管理和储存管理，应制定详细的管理规范，并对管理规范的实施过程进行监督。

1. 分量管理

西点的分量管理包括两个方面：一方面是每份西点的个数，另一方面是每种西点的配方比例。应制定各种西点的装盘标准和标准配方，并严格执行。

2. 制作工艺流程管理

要想保证西点成品的质量，就要对制作工艺流程进行管理。制作工艺流程又称加工流程或生产流程，是指从原料投入到成品产出，按流程借助生产设备连续进行加工的全过程。制作工艺流程是由西点企业的生产技术条件和西点产品的技术特点决定的。

每一种西点都有其独特的制作工艺流程，如混酥类点心、清酥类点心、面包、蛋糕、泡芙、甜品、巧克力制品等的制作工艺流程是不同的。

（1）混酥类点心。制作混酥类点心时常用油糖搅拌法调制面团或面糊，也可采用油粉搅拌法、全料搅拌法调制。均匀的面团或面糊再经过成型、烘烤等流程就可制成没有层次的饼干、塔、排、派等混酥类点心。

（2）清酥类点心。制作清酥类点心时可以用"面包油"或"油包面"的方法来调制面团。冷水面团和油面团互为表里，经过折叠、擀压、成型、烘烤等流程就可制成有层次的清酥类点心。

（3）面包。面包的制作工艺流程有多种，主要区别是发酵工艺不同。常见的发酵工艺有直接发酵法、中种发酵法、汤种发酵法、酸种发酵法等。

（4）蛋糕。清蛋糕和油蛋糕的制作工艺流程是必须掌握的。

1）清蛋糕。调制清蛋糕面糊时可以采用全蛋搅拌法、分蛋搅拌法等，均匀的面糊经过成型、烘烤等流程就可制成清蛋糕。

2）油蛋糕。调制油蛋糕面糊时可以采用油糖搅拌法、油粉搅拌法、全料搅拌法等，均匀的面糊经过成型、烘烤等流程就可制成油蛋糕。

（5）泡芙。制作泡芙时一般先烫制面糊，再将面糊裱制成生坯，然后将生坯烤制或炸制成熟，最后填充馅料并用巧克力淋面酱、糖粉等进行装饰。

（6）甜品。甜品有很多种，如慕斯、布丁、苏夫利、乳酪蛋糕等。甜品所用原料不同，其制作工艺流程也不同，但大体上要经过调制、成型、成熟和装饰这一系列流程。

（7）巧克力制品。制作巧克力制品时主要利用巧克力的特殊性质对其进行调温、塑形。

3.储存管理

（1）保质期。裱花蛋糕、慕斯等含乳品较多的西点的保质期较短，在冷藏条件下不超过36小时。

面包的保质期在冬天一般不超过3天，在夏天一般不超过2天。

常温条件下，油蛋糕的保质期在冬天一般不超过6天、在夏天一般不超过4天，清蛋糕的保质期一般不超过2天。

干点的保质期在冬天一般不超过15天，在夏天一般不超过7天。

（2）温度。大部分乳品用量较多的西点宜在冷藏条件下储存，干点可在常温下避光存放。

（3）湿度。一般夏季湿度较高，冬季湿度较低。当湿度超过80%时，会降低西点的保质期。当湿度低于30%时，西点中的水分易挥发，会降低制品的品质。

培训单元3　成品的质量管理

了解西点成品的质量鉴定内容

一、西点成品的质量鉴定内容

1. 色泽

西点成品的色泽主要来源于原料的固有色、食用色素着色和工艺方法着色。

（1）原料的固有色。原料都具有本身的固有色，运用原料的固有色既安全又有营养。

（2）食用色素着色。食用色素是以食品着色为目的的食品添加剂，是赋予食品色泽或改善食品色泽的物质。食用色素一般用于西点的表面装饰、馅心调色等，可使成品色彩鲜艳、色调和谐，起到美化装饰的作用。

（3）工艺方法着色。在加工制作过程中，西点的色泽是会发生变化的，这与原料的成分、传热介质、温度有关。

2. 香味

西点成品的香味来自原料本身，或来自熟制过程中原料各种成分发生的理化变化。

3. 口感

口感是指西点成品在口腔中所引起的感觉的总和，包括味道、硬度、黏性、附着性、弹性等。

4. 形态

西点成品的形态是指人们对其造型所产生的视觉心理反应。

西点的成型分为加工中成型和熟制后成型。加工中成型是指在加工过程中利用原料的可塑性成型。常见的加工中成型有利用打发的稀奶油制作裱花蛋糕，利用各类糖团制作装饰蛋糕。大部分西点都是利用原料在加热后性能发生改变而成型的，即熟制后成型。例如，面粉中淀粉糊化、蛋白质变性凝固使制品产生骨架结构，同时水蒸气受热体积变大使生坯按预先制作的造型膨大。

二、部分西点成品的质量鉴定标准（见表 8-1）

表 8-1　部分西点成品的质量鉴定标准

种类	色泽	香味	口感	形态
蛋糕	表面呈淡棕黄色，内部呈嫩黄色，色泽均匀	有鸡蛋和焦糖的香味，香味浓郁	松软可口，有弹性，不粘牙，甜度适中	形态端正、饱满，表面无凹陷或凸起，气孔均匀
面包	表面呈金黄色，色泽均匀，无焦黑处	有油脂、焦糖的香味以及麦香和发酵香味，香味平衡	松软可口，有弹性，不粘牙，甜度、咸度适中	形态端正、饱满，大小一致，无塌陷，起酥面包层次清晰
清酥类点心	表面呈金黄色，色泽均匀，无焦黑处	有油脂和焦糖的香味，香味平衡	酥松，不粘牙，甜度、咸度适中	形态端正，大小一致，层次清晰
混酥类点心	表面呈淡棕褐色，色泽均匀，无焦黑处	有油脂、焦糖、牛奶的香味，香味平衡	松脆，馅软，甜度适中	形态端正，厚薄均匀，大小一致，有均匀的小气孔

培训项目 4

成本核算

培训单元 1　原料的成本核算

了解成本核算的意义、任务和基本条件
熟悉原料的成本构成和核算方法

一、成本与成本核算

1. 成本

（1）成本的概念。成本是商品经济的价值范畴，是商品价值的组成部分。企业为进行生产经营活动，必须耗费一定的资源（人力、物力和财力），其所耗费资源的货币表现称为成本。成本包含原料、燃料、固定资产折旧、工资等费用。

（2）餐饮成本的概念。餐饮成本的构成包括菜点的原料成本及其他经营费用，但员工工资、能源费用等消耗很难按各种菜点的实际消耗进行精确计算，所以，在餐饮行业核定菜点的销售价格时，只将原料成本作为成本要素，而将加工制作中的经营费用、利润、税金合并在一起，统称为"毛利"。

菜点的销售价格 = 原料成本 + 毛利

毛利 = 经营费用 + 利润 + 税金

2. 成本核算

（1）成本核算的意义。加强成本管理是降低生产经营费用、扩大生产经营规模的重要条件，有利于促进西点企业改善生产经营管理现状，提高利润及效益。成本核算可精确计算各个单位产品的成本，为合理确定产品的销售价格打好基础。

（2）成本核算的任务。成本核算的任务是揭示单位成本提高或降低的原因，指出降低成本的有效途径。实行全面的成本管理可以降低成本水平。

（3）成本核算的基本条件。西点企业成本核算的基本条件有：建立健全成本核算全过程的会计凭证制度及其科学合理的传递流程；制定必要的消耗定额，以强化成本核算的事中控制；制定企业内部结算价格及结算制度；建立健全存货资产的计量、验收、领用、退料、盘存等管理制度。

二、原料的成本构成和核算方法

1. 原料的成本构成

餐饮行业的原料成本包含主料成本、配料成本及调料成本，用公式表述为：

原料成本 = 主料成本 + 配料成本 + 调料成本

一般西点产品往往由一系列或一组制品组成，所以西点产品原料总成本是各个制品原料成本的总和，用公式表述为：

西点产品原料总成本 = A 制品原料成本 + B 制品原料成本
+ C 制品原料成本 + … + N 制品原料成本

在实际工作中，如果按每个制品核算西点产品的原料总成本，计算工作是十分繁重的。为了减少工作量，西点产品的原料总成本通常统一计算或按大类计算。

2. 核算方法

（1）原料盘点。每个月甚至每天都可能有大量原料的购入、领用，工作人员必须对原料的进出成本进行核算，计算每月领用原料的成本。一般采用永续盘存法和实地盘存法。

1）永续盘存法。永续盘存法是指按生产实际领用的原料数额计算并结转已销产品总成本的一种方法。常用的方法有先进先出法、加权平均法等。

2）实地盘存法。实地盘存法是按照实际盘存原料的数额，倒求本期（月）已销产品所消耗原料成本的一种方法。采用这种方法，平时领用原料时不办理领的核算手续，也不进行领料的账务处理，月末通过盘点库存原料和已领未用原料计算出原料的实际结存额，即采用"以存计耗"倒求成本的方法。实地盘存法用公式表述为：

本月已销产品的总成本 = 月初原料的结存金额 + 本月原料的购进金额 − 月末原料的盘存金额

（2）出材率计算。出材率是表示原料利用程度的指标，用公式表述为：

$$出材率 = \frac{加工后可用原料的重量}{加工前原料的重量} \times 100\%$$

（3）净料的计算。净料是指直接配置产品的原料，包括经加工配置为成品的原料和购进的半成品原料。

原料的净料计算一般有以下两种情况。

1）原料不需要加工可直接使用。在这种情况下，原料成本就是购入价格。

2）原料需要经过加工才能使用

①原料加工后下脚料无值。用公式表述为：

加工后原料单位成本 = 加工前原料总值 / 加工后原料重量

例：鸡蛋 3 kg，单位进价为 5.6 元 / kg，去壳得净蛋液 2.4 kg，求净蛋液每 100 g 的成本。

解：净蛋液单位成本 = 加工前鸡蛋总值 / 加工后净蛋液重量

= （5.6 元 / kg × 3 kg）/ 2.4 kg

= 7 元 / kg

答：经换算，净蛋液每 100 g 的成本是 0.7 元。

②原料加工后下脚料有值。用公式表述为：

加工后原料单位成本 =（加工前原料总值 − 下脚料价款）/ 加工后原料重量

例：需要制作鸡肉馅，购整鸡 2.6 kg，单位进价为 12.4 元 / kg，经加工得纯鸡肉 1.8 kg，下脚料如翅、爪、内脏等另作他用，作价 4.8 元，求纯鸡肉每千克的成本。

解：纯鸡肉单位成本 =（加工前原料总值 − 下脚料价款）/ 加工后原料重量

=（12.4 元 / kg × 2.6 kg − 4.8 元）/ 1.8 kg

≈ 15.24 元 / kg

答：纯鸡肉每千克的成本约为 15.24 元。

培训单元2 产品的成本核算

了解产品成本的核算方法和核算步骤
能够对产品进行成本核算

一、产品成本的核算方法和核算步骤

1. 产品成本的核算方法

产品成本核算是指把一定时期内企业生产过程中所发生的费用，按其性质和发生地点分类归集、汇总、核算，计算出这一时期内生产费用总额，并按适当方法分别计算出各种产品的实际成本、单位成本等。

无论什么企业，无论什么类型的产品，也不论管理要求如何，最终都必须按照产品品种算出产品成本。按产品品种计算成本是产品成本计算最起码的要求，即品种法是最基本的成本核算方法。若有需要或管理上按订单生产，可使用分批法核算成本。

2. 产品成本的核算步骤

（1）确定成本核算对象。按产品的品种或批次确定成本核算对象。
（2）确定成本核算项目。确定直接材料、直接人工、制造费用等。
（3）确定成本核算期。按月或按生产周期确定成本计算期。
（4）生产费用审核。
（5）生产费用的归集与分配。
（6）计算完工产品和月末在产品成本。

二、计算实例

例：制作6份芒果布丁，共用稀奶油1.8 kg（28元/kg），牛奶1.8 kg（5元/kg），白砂糖 0.6 kg（7 元 / kg），芒果 1 kg（28 元 / kg，损耗率 30%），其他原料共 15 元，求一份芒果布丁的原料成本。

解：（1）各原料成本的计算

稀奶油的成本 = 28 元 / kg × 1.8 kg ÷ 6 = 8.4 元

牛奶的成本 = 5 元 / kg × 1.8 kg ÷ 6 = 1.5 元

白砂糖的成本 = 7 元 / kg × 0.6 kg ÷ 6 = 0.7 元

芒果的成本 = 28 元 / kg ×（1-30%）× 1 kg ÷ 6 ≈ 3.27 元

其他原料的成本 = 15 元 ÷ 6 = 2.5 元

（2）一份芒果布丁的原料成本 = 8.4 元 + 1.5 元 + 0.7 元 + 3.27 元 + 2.5 元 = 16.37 元

答：一份芒果布丁的原料成本为 16.37 元。

培训项目 5　成本控制

培训单元 1　原料采购成本控制

了解原料采购成本的控制内容
熟悉原料采购成本的控制方法

一、原料采购成本的控制内容

原料采购成本是指与采购原料相关的费用，包括采购订单费用、采购计划制订人员的管理费用、采购人员的管理费用等。原料采购成本主要从原料的数量和价格两方面进行控制。

1. 原料的数量

控制原料的采购数量是西点企业的特点，食品原料不宜大量储存，每天集中购买或预先订购既能保证原料的新鲜，又有稳定的货源。

2. 原料的价格

原料的价格主要受市场货源情况、采购数量多少、原料上市季节、供货渠道、市场需求程度等因素的影响，因此西点企业需要对原料的价格进行控制。

二、原料采购成本的控制方法

1. 原料数量的控制方法
尝试大宗采购、集团采购等方法,稳定采购数量和货源。

2. 原料价格的控制方法
大宗采购、集团采购能压低采购价格,采购管理者要监督采购的价格执行情况,对成本进行动态管理,控制原料价格。西点企业还可以采用限价采购、竞争报价、规定供货单位及供货渠道等办法进行价格控制。限价采购一般适用于鲜活原料;竞争报价是指先对多家供货商的供货价格进行分析,再确定向谁购买;规定供货单位及供货渠道一般在价格合理和保证质量的前提下进行。

相关链接

采购方法

常见的采购方法有即时采购法和预先采购法。即时采购法适用于一些价格起落频繁及不宜储藏的食品原料。预先采购法适用于规模较大的西点厨房,预先采购的主要目的是获得较稳定的货源和较低廉的供货价格。使用预先采购法时,采购数量要与货物储存期限相适宜,还要与储存条件相适宜,要注意储存后的损耗和费用是否与将来价格上涨后的差价相抵消,储存后是否降低了原料的质量。

此外还有综合采购法、集中采购法、联合采购法、合作采购法等,这些不同形式采购方法的最终目的是通过大批量的购货来降低原料价格,从而降低整个西点厨房的生产成本,提高利润。

培训单元 2　食品储存成本控制

培训重点

了解食品储存成本的控制内容

熟悉食品储存成本的控制方法和控制要求

一、食品储存成本的控制内容

对于西点企业而言，食品储存成本包括原料储存成本和成品储存成本。

二、食品储存成本的控制方法

食品储存成本的控制方法具体为：按不同品种分类储存，同时一般食品与贵重食品分开储存；储存量要适当，用不完的食品长期储存易变质；执行食品轮换制度，贯彻"先进先出"的原则；定期检查食品保质期和入库日期。

三、食品储存成本的控制要求

1. 账目要求

食品的储存管理必须有完整、翔实的账目，能够反映食品入库、发放、储存等方面的数量、时间、价格等情况，以便检查、控制成本等。

2. 订货要求

订货应满足管理者所制定的最高库存量和最低库存量要求，订货人员要在保证供应量和原料品质的前提下尽量加快周转，减少库存，降低储存成本。

3. 入库要求

购置的食品必须及时入库储存。入库的食品要有标签，注明品名、数量、单价、入库时间等。

4. 储存条件要求

要针对各种食品的特性设置和控制储存条件，如温度、湿度、空气成分等。

5. 安全要求

对于仓库的安全要求主要有两方面，即防盗和防火。仓库必须配备专用门锁系统，由专人负责，禁止私配钥匙，若钥匙丢失应立即向负责人报告。除仓库管理人员外，任何人不得进入仓库。有条件的西点企业应安装监控系统。仓库的防火设施必须完善。

培训单元3　厨房生产成本控制

了解厨房生产成本的控制特点
熟悉厨房生产成本的控制方法

一、厨房生产成本的构成

厨房生产成本主要是原料成本,具体包括主料、配料及调料的成本。

二、厨房生产成本的控制特点

由于厨房生产在操作性、技术性等方面存在较大的差异,产品规格也存在差异,原料价格存在市场化波动的特点,因此,厨房生产成本控制是复杂且困难的。厨房生产成本的控制特点具体体现在以下几个方面。

1. 成本核算难度大

厨房生产的特点是先有消费者、再有生产,因此厨房生产管理和成本核算有一定难度,主要表现为西点销量难以预测、原料品种和数量的准备难以精准安排、单一产品的成本核算难度大。

2. 成本构成相对简单

一般生产加工企业的生产成本包含原料成本、燃料成本、劳动力成本、运输成本、管理成本等,相比之下,厨房生产成本构成要相对简单。

3. 成本核算与控制直接影响利润

西点企业利润的多少取决于成本核算与控制,因此,减少原料消耗及浪费、降低厨房生产成本是提高西点企业利润的重要途径。

4. 受生产人员的影响

生产人员的技术水平及工作状态会影响西点产品的出品率及产品质量,从而影响成本。

三、厨房生产成本的控制方法

1. 厨房生产前的成本控制

厨房生产前的成本控制主要包括原料的采购控制、验收控制、储存控制、发料控制及成本预算控制。

（1）采购控制。采购控制主要体现为对欲购进原料的质量、数量和价格三个方面的控制。

（2）验收控制。一方面要检查原料质量、数量及采购价格是否符合采购要求，另一方面要确保各类原料尽快入库或及时使用。

（3）储存控制。储存控制具体要落实到人员控制、环境控制及库房的日常管理三个方面。

（4）发料控制。发料控制是原料生产前成本控制中的一个重要环节。发料时要严格执行审批制度，规定领料的次数和时间，发料人员要如实计算发出原料总成本。

（5）成本预算控制。西点企业要借助以往销售记录和成本报表，宏观把握，微观入手。同时结合当前实际情况，逐步分解和确定可期成本控制指标，以便随时对照、改进。

2. 厨房生产中的成本控制

厨房生产中的成本控制主要体现在加工、使用原料的环节上，主要包括进行加工制作测试、制订厨房生产计划、执行标准投料量和控制西点分量。

（1）进行加工制作测试。准确掌握各类原料净料率，确定各类原料加工损耗的许可范围，检查加工工作的绩效，防止和减少加工中的原料浪费。

（2）制订厨房生产计划。厨师长根据业务量预测、制订每天的生产计划，确定各种菜点的数量，决定领料数量。生产计划应提前制订，可根据变化及时调整。

（3）执行标准投料量。按照标准配方进行加工和制作，在具体操作中严格执行标准投料量。

（4）控制西点分量。按照既定装盘规格（包括品种及数量）进行装盘，以控制西点分量。

3. 厨房生产后的成本控制

厨房生产后的成本控制主要是指将实际成本与预算进行比较，分析是否有问题并及时调整。厨房生产后的成本主要通过以下两方面进行控制：提高原料采购频率，减少库存损耗；通过促销其他低成本菜品来降低较高成本菜品的销量，降低总成本。

培训单元4　厨房用工成本控制

了解厨房用工成本的控制内容和控制意义
熟悉厨房用工成本的控制方法

一、厨房用工成本的控制内容

用工成本已经成为西点企业运营成本中的重要组成部分，并且呈现出占比逐步增大的趋势。厨房用工成本的高低取决于员工数量的多少，而工作量、岗位设置等是员工数量的决定性因素。

二、厨房用工成本的控制意义

首先，低成本可以使西点企业在制定菜品价格时具有更大的灵活性。在成本价的基础上向竞争对手发起进攻或防御的价格战，用有诱惑力的价格从竞争对手中夺取市场占有率、扩大销量；向较为成功的对手的各种竞争策略发起挑战，挑战成功可以获得超出行业平均水平的利润。

其次，低成本可以让西点企业争取更多的消费者，扩大销量和市场占有率。一方面，低成本是西点企业制定低价格的基础，要以保持甚至提高产品或服务的原有质量为前提，以吸引更多的消费者。另一方面，低成本可以给西点企业带来较大的边际利润，因而西点企业同消费者更容易达成双方都比较满意的价格协议，以达到巩固和维护市场占有率和市场地位的目的。

三、厨房用工成本的控制方法

1. 采用机械设备代替人工

采用机械设备在某种程度上可以减少对工作人员数量的需求，但可能增加维保成本。

2. 提供"有限"服务

提供"有限"服务是指确定服务项目，设计服务标准，减少工作量，明确消费者真正需要的关键因素。

3. 人力资源跨部门调配

为应对大型婚宴可能出现的人手紧张情况，可以采取一些新方法，如用工预报，即根据预订情况提前向全酒店员工进行预报，预告用工的数量、技能要求、薪资报酬等信息，让工作人员根据自身情况报名。

4. 合并岗位，减少岗位设置

将工作内容相似和工作时间互补的岗位合并，精简管理人员。

培训单元5　产品利润控制

掌握利润的概念

熟悉提高产品利润的方法

一、利润的概念

剩余价值是利润的本质，利润是剩余价值的表现形式。剩余价值和利润不仅在质上是相同的，而且在量上也是相等的。两者的区别在于：剩余价值是对可变资本而言的，而利润是对全部资本而言的。

在会计学上,利润可细分为毛利、纯利及除税前盈利。

二、提高产品利润的方法

1. 加强员工技能培训,提升劳动熟练度,提高劳动生产率。

2. 提高产品质量,提高出材率、成品率。

3. 按标准配方配料,减少原料损耗及浪费。

4. 设定最低库存标准,循环取货。

5. 控制采购成本,多做市场调查,进行采购价格分析,同品质的原料选价格低的。

6. 定期进行厨房成本分析,及时找出原因,进行适当调整。

7. 加强营销策划,通过一定的促销手段增加产品销量。

8. 为每一位员工设置明确的目标,激发员工潜力,并定期组织绩效考核,淘汰不达标的员工。

培训项目 6 菜单设计

培训单元 1 按膳食平衡的原则设计西点菜单

掌握菜单设计的原则和方法
了解膳食平衡的意义、要求和内容
熟悉按膳食平衡的原则设计西点菜单的注意事项

一、菜单设计的原则和方法

1. 菜单设计的原则

（1）以消费者需求为中心的原则。在菜单设计过程中需要考虑的因素有很多，但首先必须落实以消费者需求为中心的原则。"消费者需要什么""怎样才能满足消费者的需要"才是关键。

首先，要了解消费者对菜品的期望；其次，要了解消费者的饮食习惯、喜好和禁忌。如果在设计菜单之前把消费者一般性需求和特殊性需求结合起来，则能更有针对性地设计菜品。

（2）膳食平衡的原则。从食用角度看，膳食平衡是菜单设计的原则之一。

1）必须提供人体所需的各种营养素。食物中各种营养素的种类、数量不同，在菜单设计过程中，要以科学的营养观来编排菜品，提供平衡的膳食，达到既补充营养素又节约食材的目的。

2）采用合理的加工工艺制作菜品。菜品应该是美味与营养的统一体，只有其中的营养素能被人体消化吸收，才有益于人们的身体健康。原料的选用、加工方法影响营养素的留存及吸收，菜品设计要考虑合理的加工工艺，使美味与营养在菜品中实现统一。

（3）特色鲜明的原则。菜单设计必须彰显设计者的风格特色，没有特色的菜单就没有市场号召力。菜单设计不仅要做到"人无我有"，更要做到"人有我优"。特色鲜明的菜单首先要有主线，再由主线串联起各个菜品；其次要有铺垫，体现多样性；最后要有亮点，凸显精品。

（4）多样化的原则。菜单体现菜品的有机联系，具有多样化的特点。首先，原料选用应多样化，这是膳食平衡的基础。其次，加工方法应多样化，对原料进行多样化加工有助于形成各式各样的风味。最后，菜品在色彩、造型、香味、口感等方面应多样化。菜品要想呈现丰富、和谐的搭配效果，在色彩、造型方面要遵循美学法则，在香味方面要取味天然、有隐有显，在口感方面要综合酥、软、硬、脆、滑等多种感觉。

（5）量力而行的原则。设计菜单时必须考虑两个基础条件：一是原料能满足供应，二是厨师有保证菜品质量的技术基础。

要充分掌握各种原料的供应情况，避免原料供应受市场供求关系、采购、运输、季节、地理位置等诸多因素制约。

（6）丰俭适度、确保盈利的原则。菜单中单点菜品的价格通常高于套餐和团餐，但这并不意味着价格越高、盈利越多，只有定价合理，才会使西点企业与消费者双赢。具体要做到以下几点。

1）准确核算菜品的原料成本、销售价格和毛利，检查其成本率是否符合目标成本。

2）考核产品的畅销程度和销量。

3）分析单件菜品对其他菜品销售所产生的影响。

4）拉开不同菜品的销售价格梯度，每一类菜品尽量在一定范围内有高、中、低档价格的合理搭配。

2. 菜单设计的方法

（1）设计前的调研。根据原料的供应情况来设计是菜单设计之本，如果不熟悉原料的供应情况，即使设计出再漂亮的菜单也无法实施。因此在设计菜单之前必须了解原料的供应情况，选用时令原料时要及时改变菜单。虽然有些原料打破了季节性和地方性，但是时令原料不仅新鲜、天然，而且更适合人们的口味，尤其是蔬菜、水产品等原料。

（2）设计步骤

1）根据西点企业定位明确风味特色，拟定菜单结构。

2）根据西点企业规模和能力确定菜品总量及不同类型菜品的品种及数量。

3）确定不同类型菜品的主要原料与味型。

4）制定具体品种的规格和质量标准。

5）核算成本，计算销售价格，确保综合成本的控制及利润的实现。

6）调整、完善菜单结构，确定菜品排列顺序。

7）设计菜单式样及版面，选择合适的纸张，印制菜单。

8）根据确定的菜单组织员工进行培训，确保生产、服务质量。

二、膳食平衡的意义和要求

1. 膳食平衡的意义

膳食平衡是保证人体健康的重要因素，主要通过制定科学而安全的膳食制度来实现。合理的膳食制度使营养素之间比例平衡，又使胃的负担适宜。

2. 膳食平衡的要求

（1）膳食提供的各种营养素应达到供给量标准。中国营养学会制定了膳食质量标准，即推荐每日膳食的营养素供给量，可以此为依据来设计各类人群的平衡膳食。

（2）膳食中各种营养素之间必须保持适当的比例。重点注意以下两点：第一，保持产热营养素比例平衡；第二，保持蛋白质比例平衡。

（3）膳食必须由各类食物构成。平衡膳食必须包括粮食类、动物类、豆类、蔬果类、油脂类食物，并且这五类食物应比例适当。

（4）要有合理的膳食制度。进餐应与工作生活制度和生理状况相适应，并和消化过程协调一致，一般每日安排三餐比较合理。

三、膳食平衡的内容

1. 产热营养素平衡

碳水化合物、脂肪和蛋白质均能为机体提供热量，称为产热营养素。当产热营养素提供的总热量与机体消耗的能量平衡时，三种产热营养素给机体提供的热量比例为：碳水化合物占60%~70%，脂肪占20%~25%，蛋白质占10%~15%。此时，三者发挥各自的特殊作用并互相促进。

2. 蛋白质平衡

膳食中蛋白质的必需氨基酸含量和比例越接近人体所需"模式"，其营养价值越高，越容易被人体吸收利用。

3. 脂肪酸平衡

适量地摄入脂肪酸可以有效调节身体各项机能，从细胞层面调节人体健康状况。脂肪酸的平衡主要是指饱和脂肪酸、单不饱和脂肪酸、多不饱和脂肪酸三者比例要适当。

4. 酸碱平衡

体内酸碱物质过多或不足会引起血液pH值改变，此状态称为酸碱失衡（酸碱平衡失调）。维持基本的生命活动主要靠体内精细的酸碱平衡或内环境稳定，即使是微小的失衡，也可能在很大程度上影响机体的代谢和重要器官的功能。

5. 摄入量平衡

各种营养素之间存在错综复杂的关系，在摄入时要保持基本平衡。在每日膳食营养素供给量基础上发展起来一组每日平均膳食营养素摄入量的参考值，即膳食营养素参考摄入量（DRI），其包括四项内容：平均需要量（EAR）、推荐摄入量（RNI）、适宜摄入量（AI）、可耐受最高摄入量（UL）。中国营养学会对各类营养素的摄入量是有推荐的，人们应合理摄入，预防营养缺乏和过量。

四、按膳食平衡的原则设计西点菜单的注意事项

1. 注意营养互补

膳食平衡的一个重要内容就是多种食物的营养互补。任何一种食物都不可能将人体所需的营养素囊括在内，如果要获得各种营养素，就必须将不同结构、不同性味、不同品种、不同性状的食物搭配食用，以起到营养互补、食物"相生"的作用。比较常用的食物搭配方法有动植物食物搭配、主副食物搭配、粗细粮搭配。同时提倡多吃水果、蔬菜，以满足人体对纤维素、维生素和微量元素的需求。

2. 注意不同职业人群的营养特点

（1）特殊环境作业人员的营养配餐

1）高温环境。在 32 ℃以上的工作环境中工作的人员为高温环境作业人员。在高温环境中，人体代谢迅速，易出现无机盐、水溶性维生素的缺失，消化液分泌减少、消化功能下降，大量出汗还会引起失水、能量代谢增加等症状。

2）低温环境。10 ℃以下的环境常见于高海拔、冬季、冷库等作业场所。低温环境作业人员需要补充能量，多摄入维生素和无机盐。对于日照不足的人群，还要关注其对钙的吸收和利用。

3）有毒有害环境。有毒有害环境中的作业人员会频繁接触重金属、有机磷农药、杀虫剂、"三废"、尘埃等，这些有毒有害物质进入人体，会破坏人体正常的生理机能，干扰营养素在体内的代谢或损害特定的组织及器官，危害人体健康。

这些特殊作业人群的配餐有特殊要求。例如，冶金行业作业人员多接触铅等重金属，应补充足够的维生素 C、含硫氨基酸的优质蛋白质，以及保护神经系统并促进血红蛋白合成的营养素如维生素 B_1、维生素 B_{12}、叶酸等。

又如，接触有机磷农药的作业人员应补充富含蛋白质、维生素 C 的食物。

4）噪声及振动环境。在噪声及振动环境下工作的人员应适当增加能量及蛋白质的摄入量，以加强神经系统对外界刺激的抵抗力和适应力，同时适当增加脂肪、各种维生素的摄入量。

（2）特定生理阶段人群的营养配餐

1）学前儿童。学前儿童身体发育迅速，需要各种营养物质，但体内肠胃功能还未发育成熟，消化能力不强，咀嚼能力有限，所以要供给其营养丰富、加工精细的食物，可定期供给乳品、蛋及蛋制品、瘦肉等完全蛋白质以及切细的蔬菜等。

2）老年人。老年人的各种器官功能都有不同程度的衰退，尤其是消化功能和代谢功能，直接影响营养状况，因此食物不宜过精，应注重粗粮与细粮的搭配，同时在膳食中增加富含维生素 E 的食物。

（3）特殊病理状态人群的营养配餐

1）肥胖症患者。肥胖症患者储存了过多的脂肪，在饮食上要控制总能量的摄入量，还应保证维生素、无机盐和微量元素的摄入量，满足机体正常生理需要。

2）糖尿病患者。糖尿病患者要合理选择碳水化合物的食物来源，宜以富含吸收较慢的多糖的食物（如玉米、荞麦等）作为碳水化合物的主要来源。应忌食精制糖；还要控制脂肪和胆固醇的摄入量，食用富含优质蛋白质的食物，保证维生素和无机盐的供给。

3）高血压患者。高血压患者应多食用能保护血管和有降血压、降血脂作用的食物，多食用高钾低钠的食物，多食用富含钙的食物、富含维生素的新鲜蔬菜及水果，尽量不食用能量过高、过咸的食物，避免饮酒、喝咖啡以及食用辛辣等刺激性食物。

4）高脂血症患者。高脂血症患者应严格控制胆固醇摄入量，每日胆固醇摄入量宜控制在 200 mg 以下；严格控制脂肪摄入量；多食用富含膳食纤维的植物性食物如芹菜等；多食用富含钙的乳品、豆类及其制品。

培训单元 2　按成本要求设计西点菜单

了解按成本要求设计西点菜单的方法

某酒店要举办一个西式冷餐宴会，参会人数为 100 人，规格为每人标准售价 500 元。其中西点、冷菜及辅食、水果的成本比例分别为 70%、20%、10%，销售毛利率为 52%。现根据成本要求设计 12 款不同类别的西点菜单。

一、计算西点成本

宴席成本 = 100 人 × 500 元 / 人 ×（1-52%）=24 000 元

西点成本 = 24 000 元 × 70%=16 800 元

二、按成本要求设计西点菜单（见表 8-2）

表 8-2　按成本要求设计西点菜单

序号	品名	数量/份	单位成本/元·份⁻¹	总成本/元
1	杏仁杏脯塔	80	12.00	960
2	抹茶奶油蛋糕卷	90	15.00	1 350
3	树莓奶油空心饼	200	12.00	2 400
4	时令水果塔	100	12.20	1 220
5	酸樱桃牛奶巧克力慕斯	100	13.00	1 300
6	香草奶冻	100	11.85	1 185
7	提拉米苏	100	14.00	1 400
8	榴莲芝士蛋糕	80	12.50	1 000
9	黑巧克力蛋糕	50	13.50	675
10	柠檬蛋白塔	100	13.20	1 320
11	红丝绒蛋糕	100	12.90	1 290
12	各式奶油泡芙	200	13.50	2 700
总计				16 800

培训单元 3　设计、配制节日点心

了解世界主要国家的饮食文化习俗

熟悉西方主要传统节日的点心配制要点

一、世界主要国家的饮食文化习俗

1. 法国

法国菜的文化源远流长，相传 16 世纪末意大利人将文艺复兴时期盛行的牛肝脏、黑松露、牛排、奶酪等的烹饪方法带到法国，成为古典法国菜的基础。17世纪以后，法国菜不断推陈出新，将以往的古典菜肴与新派烹调法相结合，更加讲究天然风味、烹饪技巧以及造型与颜色的配合。

法国人对菜肴的要求很高，选料严格、加工精细，讲究花式造型、保留原味和营养素、款式搭配、颜色组合，以及饮食环境与就餐氛围，对"吃"从里到外都追求美感和意境。

法国菜十分讲究调料，常用的调料有百里香、迷迭香、胡椒等。其中胡椒在法国菜中最为常见，几乎每菜必用。法国菜的调味汁多达百种以上，既讲究味道又讲究色泽，百汁百味百色使食用者回味无穷。

常见的法国点心有塔、千层派、泡芙等。塔的尺寸大小与馅料变化有上千种之多；千层派是一层蛋糕与一层馅料层层堆叠；泡芙内有馅料，常用糖浆组合成一座山形，是法国婚礼宴席中必不可少的点心。

2. 英国

英国菜的制作可以用一个词来形容，就是"简单"，制作时将原料放入烤炉烘烤或放入锅里煮就可以了。口味上英国菜是偏清淡的。

传统的英国早餐往往从麦片粥开始，既可口又经济还富有营养。麦片粥之后通常是煮熟的火腿加鸡蛋，以及涂上黄油和果酱的吐司，有时还有些水果。

传统的英国正餐以烹调简单的普通食品为主。英国人喜欢炸鸡、炸鱼、炸薯条、薯泥等食物。

喝下午茶是英国人的传统。英国人有300多年饮红茶的历史，他们喜欢在红茶中加糖、牛奶。下午茶常搭配点心，正统英式下午茶的点心是用三层瓷盘装盛的，第一层放三明治，第二层放传统英式点心司康饼（scone），第三层放蛋糕及水果塔，由下往上开始吃。

3. 美国

美国饮食文化与其他国家差异很大，他们不追求精细，只追求快速便捷。虽说美国的菜品不追求精细，但却十分注重选材，采用的皆是新鲜原料，能更好地展现菜品的原汁原味。

传统意义上的美式菜肴用面包、糕点等主食搭配乳品、猪肉、牛肉、海产品、马铃薯、玉米、南瓜等。来自欧洲和亚洲的移民为美式菜品加入了更多的变化与风味，并带来一些外来菜品。现在美国人不仅用传统的方法来烹调这些外来菜品，更将美国本土风味融入其中。

4. 意大利

意大利菜如同它的文化，高贵、典雅、风味独特，与法国菜齐名，是当今西餐的主流。

意大利人善用面饼、面条、米饭做菜。例如，比萨就是将薄薄的面饼配上肉末、蔬菜，经烘烤后具有面饼香、肉香和蔬菜香的一种让人胃口大开的意大利美食；意大利面本身就有多种形状，可搭配各式各样的沙司，再加上海产品、牛肉、蔬菜，或者单纯配上香料，可制作出上百种口味；意大利海鲜饭是用大米搭配海产品、蔬菜等制作出的一种精典菜肴。

5. 俄罗斯

俄罗斯人热情豪放、朴素诚实，其传统饮食种类比较单一但独具风味，具有浓郁的民族特色和淳朴的乡土气息。

俄罗斯人的主食主要是自己烤制的较硬的面包"列巴"和煎饼，副食有肉类、鸡蛋、牛奶、黄油等。他们喜欢吃俄式夹馅面包或无馅面包以及各种糕点，喜欢吃烤鹅、烤牛肉片、牛肉烧土豆、鸡蛋腌猪肉片等俄式热菜，喜欢吃黄瓜、西红柿、土豆、胡萝卜、圆白菜等蔬菜。居住在乡村的俄罗斯人几乎家家都养奶牛，他们擅长制作稀奶油、奶酪等美味可口的乳品。

二、西方主要传统节日的点心配制要点

1. 情人节

情人节是一个有关爱、浪漫的节日，情侣在这一天互送礼物以表达爱意或友好。情人节的晚餐约会通常是情侣关系发展的关键节点。

巧克力心形蛋糕、巧克力草莓派、草莓果冻、粉红色的风车饼干等一系列与爱情相关的点心都可作为情人节点心，可搭配葡萄酒和香槟。

2. 复活节

传统的复活节食物分为两部分。一部分是家庭自制的面包、火腿等。在复活节到来之前，每家每户的主妇们都会做各式各样的面包和火腿，并在复活节当天将这些食物与彩蛋一起带到教堂和大家分享。在美国，复活节传统食物以羊肉、火腿为主。

另一部分是复活节彩蛋，这是该节日最重要的象征性食物，意味着生命的开

始与延续。如今彩蛋花样繁多、形式各异,还常用巧克力蛋代替,不再是单纯的装饰品。稍微大一点的复活节彩蛋内部是空的,一般会放糖块或小玩具。

3. 母亲节

母亲节是一个感恩母爱的节日。康乃馨通常被视为献给母亲的花。这一天可以用一束鲜花、一个蛋糕作为礼物,向母亲们献上最好的祝福。

粉色系康乃馨裱花蛋糕是母亲节的经典点心。

4. 感恩节

感恩节是美国人独创的一个节日,也是美国人合家团聚的节日。每年11月第四个星期四被定为感恩节。

感恩节食物具有传统特色,烤火鸡是感恩节的传统主菜。制作烤火鸡时,通常先在火鸡肚子里塞入各种拌好调料的蔬菜等配料,然后将烤整只火鸡放入烤炉烘烤,待鸡皮烤成深棕色即成熟。品尝时,一般由男主人用刀将火鸡切成薄片分给大家,然后大家各自浇上卤汁、撒上盐,其味道十分鲜美。感恩节的其他传统食物还有甘薯、玉米、南瓜饼、果酱、面包、蔬菜、水果等。

5. 圣诞节

西方人将在圣诞节享用的家宴称为圣诞大餐。有几道传统食物是圣诞大餐不可缺少的,如圣诞火鸡、烟熏火腿、圣诞三文鱼、圣诞甜点等。

圣诞大餐最重要的食物是甜点。圣诞甜点一般在圣诞节前夕就开始准备了,一家人往往一起制作,孩子们最爱参与其中,因为圣诞甜点可以做成他们喜爱的形状和味道,他们觉得很有趣。

培训单元4　常见菜单的设计

掌握常见菜单的特点
掌握常见菜单的设计注意事项

一、常见菜单的特点

1. 主题餐厅菜单的特点

主题餐厅是指将饮食与文化、主题充分结合的餐厅,如儿童乐园主题餐厅、红色主题餐厅等。主题餐厅菜单应重点突出主题特色。

2. 鸡尾酒会菜单的特点

鸡尾酒会不是我国传统意义上的宴会,是从国外引进的一种宴请形式。近几年来,国内在举行庆典、商务活动时,广泛使用鸡尾酒会这种形式来招待客人。

鸡尾酒会菜单要根据鸡尾酒会的主题、目的、档次及特点来确定。

3. 宴会菜单的特点

宴会菜单的菜品要根据办宴目的选择,要"看人下单"。凡是请客设宴都有明显的目的,不同类型的宴会应选择不同的菜品。确定菜品时要充分考虑宾客的国籍、民族、宗教、职业、年龄、性别,以及主宾的嗜好和忌讳;还要灵活选用原料,因时、因地制宜。

不同标准的宴会菜单在菜式上大不相同,但是主菜都要拉开档次,因为宾客都习惯先入为主,主菜往往代表了宴会的招待水平。

举办宴会对餐饮企业影响很大,在确定菜品时不能不考虑其他因素。例如,如果技术有限,不可以勉强制作高档酒席;如果时间仓促,不可以选用耗时太多的菜品;如果人力不够,不可以冒险承办过多宴会。

4. 美食节菜单的特点

广义上的美食节是食品生产企业为了推广某些食物而策划的一种推销活动。狭义上的美食节是餐饮企业为了争夺餐饮市场、扩大企业影响力、招揽消费者而举办的各种形式的菜品促销活动。

美食节有许多主题,如"海鲜美食节""元宵节美食节""满汉全席美食节""东南亚菜美食节"等,不同主题的美食节菜单需要体现原料、季节、习俗、地区等特点。

二、常见菜单的设计注意事项

1. 主题餐厅菜单的设计注意事项

主题餐厅菜单一定要取一个独特的名字,而且要贴和餐厅特色。菜单要突出主题套餐，以吸引消费者。

2. 鸡尾酒会菜单的设计注意事项

一般鸡尾酒会菜品主要包括冷菜类、干果类、点心类、热菜类和酒水类，菜单的设计关键是数量不宜太多、口味不宜太浓、装盘不宜太满。

3. 宴会菜单的设计注意事项

（1）不同档次宴会

1）准确掌握宴会的档次，价格是决定宴会档次的主要因素，没有价格标准就无法进行宴会菜品设计。

2）准确掌握各类菜品在整个宴会菜品中的占比。

3）准确掌握每个菜品的成本与售价。

4）无论何种档次的宴会，都应保证菜品的制作质量。

5）根据宴会档次确定菜品制作效果。高端宴会要体现"精"，粗点细做，细点精做；低端宴会要体现"足"，量足，口味到位。

6）根据宴会档次确定器皿与装饰件。高端宴会要讲究盘饰，选择形状好、品质优的器皿装盘。

（2）不同季节宴会

1）根据季节选用原料。

2）根据应季原料确定菜品。

3）将应季菜品组合在不同档次的宴会菜单中。

4）准确把握不同季节人们的味觉变化规律。

5）了解人们在不同季节对菜品色彩的选择倾向。

6）了解人们在不同季节对菜品温度的适宜性倾向。

（3）不同风俗宴会

1）根据本地区人们的饮食风俗、饮食习惯、饮食喜好设计宴会菜单。

2）根据宾客的设宴目的、宴会性质及特定需要与忌讳设计宴会菜单。

4. 美食节菜单的设计注意事项

美食节主题不同，举办的时间、地点、方式都不同，在设计菜单时，既要突出名优菜品，又要展现菜品的丰富多彩。

美食节一般长的1~2个月，短的1~2周，菜单要体现出明显的阶段性。

培训项目 7 菜单策划

培训单元1　菜单策划的基础知识

了解菜单的种类与特点
熟悉菜单策划的原则和注意事项
掌握菜单策划的过程

一、菜单的种类与特点

1. 菜单的种类

（1）单品菜单。单品菜单是为了满足零散消费者就餐需要而制定的供消费者自主选择菜品的菜单。单品菜单具有客源流动性大、客源构成复杂、自主选择菜品、现点现食等特点。

（2）宴会菜单。宴会是人们为了社会交往的需要，根据预先计划举行的群体聚餐活动而精心设计的，反映宴会膳食有机构成的专门菜单。

宴会菜单一般有以下几种分类。

1）按设计性质与应用特点划分

①套餐菜单。套餐菜单是餐饮企业设计人员预先设计的列有不同价格档次和

菜品组合的系列宴会菜单。

②专供性宴会菜单。专供性宴会菜单是餐饮企业设计人员根据消费者的要求和消费标准，结合本企业资源情况专门设计的菜单。

③点菜式宴会菜单。点菜式宴会菜单是消费者根据自己的饮食习惯，在餐饮企业提供的菜单中自主选择，组成的一套宴会菜单。

2）按使用时间长短划分

①固定性宴会菜单。固定性宴会菜单是长期使用的或者不常变换的宴会菜单。

②阶段性宴会菜单。阶段性宴会菜单是在规定时限内使用的宴会菜单。

③一次性宴会菜单。一次性宴会菜单又称临时性或即时性宴会菜单，是专门为某个宴会设计的菜单。

2. 菜单的特点

（1）单品菜单的特点。单品菜单是餐厅里最基本、使用最广泛的菜单。其特点是菜品较多，每一道菜品都标明价格，且价格档次比较宽泛，能适应不同层次消费者的用餐需求，消费者可以根据自己的喜好酌量、酌价选择菜品。

（2）宴会菜单的特点。一套完整的宴会菜单既能满足消费者要求，又能保证餐饮企业盈利。宴会菜单必须保证消费者与餐饮企业二者的平衡协调，否则会影响消费者利益及餐饮企业效益。

二、菜单策划的原则和注意事项

1. 菜单策划的原则

菜单策划的原则具体如下：以消费者需要为导向的原则、服务宴会主题的原则、以价格定档次的原则、数量与质量相统一的原则、膳食平衡的原则、以实际条件为依托的原则、风味特色鲜明的原则和菜品多样化的原则。

2. 菜单策划的注意事项

（1）首先要考虑原料的选用问题。注意，应选用市场上易采购到的原料、易储存且能保持质量的原料、能够保持和提高菜品质量水准的原料、易烹饪加工的原料、有多种利用价值的原料、有助于稳定菜单成本的原料。

（2）菜品的选择和组合必须以消费者的喜好为基础。消费者对菜品的喜好既有共性的一方面，也有特殊性的一方面。注意，不选用消费者因宗教而忌食的食物，慎用色彩晦暗、形状恐怖的菜品，不选用有损餐饮企业利益与形象的菜品。

三、菜单策划的过程

菜单策划的过程分为菜单设计前的调查研究、菜单菜品设计和菜单设计检查三个阶段。

1. 菜单设计前的调查研究

在菜单设计前做好各方面的调查研究工作，以保证菜单的可行性和针对性。

（1）调查方式。调查既可以是面对面的，也可以是通过电话等方式进行。

（2）调查项目。常见的调查项目有目标市场的消费者需求（包括消费能力、用餐目的、年龄结构、饮食习惯、宗教信仰等）、菜品原料的供应情况、同行菜品竞争情况、不同菜品盈利能力等。对于一些高规格的宴会菜单，还要明确宴会主题和名称，以及活动内容、形式和程序，还有礼仪礼宾、席卡等要求。

2. 菜单菜品设计

（1）确定设计目标体系。菜单目标体系由一系列指标来构成，包括原料成本、质量要求、价格等。

菜单目标体系的一系列指标是分层次的，各个层次的指标相互联系、相互制约，共同反映菜品的整体特征。

（2）确定菜品组合。一份菜单是由一道道具体菜品组成的。从众多菜品中挑选出有限的相对适合的菜品，并把它们有机地组合起来，是需要在菜单设计原则的指导下进行的。常见的组合方法包括：围绕宴会主题组合菜品，围绕价格标准组合菜品，围绕主导风味组合菜品，围绕主干菜组合菜品，围绕时令季节组合菜品，围绕特色菜组合菜品等。菜品组合要以菜为主、菜点协调，迎合消费者喜好。

（3）确定菜品的名称、编排顺序与菜单样式。

3. 菜单设计检查

菜单设计完成后，需要进行检查。检查分两个方面：一是对设计内容进行检查，二是对设计形式进行检查。在检查过程中，发现问题要及时修改，发现遗漏要及时增补，保证设计的完美性。菜单设计好后，一定要征求消费者的意见，得到大多数消费者的认可。指令性宴会的菜单设计还要得到有关领导的同意。

培训单元 2　菜 单 定 价

了解菜单定价的特点
掌握菜单定价的原则和方法

一、菜单定价的特点

1. 价格构成的特殊性

餐饮产品的生产过程也是餐饮企业生产、销售、服务的过程。菜单价格的构成包括从菜品加工制作到消费的全部费用和各个环节的利润、税金，具有特殊性。

2. 定价水平的灵活性

菜品价格受原料进价、产品规格等多方面因素的影响，所以定价水平也是灵活的，餐饮企业要根据具体情况灵活定价。

3. 价格形成的多样性

菜品品种多、应用范围广，其价格会因用途不同而变化，所以餐饮企业要充分认识价格的多样性，灵活掌握价格标准，使菜单适应不同类型消费者的消费需求。

4. 价格管理的季节性

市场需求具有季节性变化的特点，原料进价也受季节性影响，餐饮企业要根据季节变化对部分菜品采取时菜时价的管理方式。

二、菜单定价的原则

菜品价格的制定是有标准的，如根据餐饮企业的星级标准、政府指导价等，按质论价、优质优价、时菜时价。菜单定价应遵循以下原则：价格要反映菜品价值；价格必须适应市场需求；所定价格既要相对灵活又要相对稳定；定价要遵守国家相关法律法规，接受相关部门指导。

三、菜单定价的方法

1. 随行就市法

随行就市法是餐饮企业经常使用的方法，即把竞争同行的菜品价格为己所用，这是最简单的菜单定价方法。

2. 毛利率法

菜单价格由原料成本和毛利两部分组成，毛利率法是以毛利率为基数的菜单定价方法。可以采用成本毛利率法、销售毛利率法确定菜单价格。

（1）成本毛利率法。成本毛利率又称外加毛利率，是毛利与原料成本之间的比值，用公式表述为：

$$成本毛利率 = 毛利 / 原料成本 \times 100\%$$

采用成本毛利率计算单位产品销售价格的公式为：

$$单位产品销售价格 = 单位产品原料成本 \times (1 + 成本毛利率)$$

成本毛利率法是以耗用原料成本为基数的毛利率计算方法。

（2）销售毛利率法。销售毛利率又称内扣毛利率，是毛利与销售收入之间的比值，用公式表述为：

$$销售毛利率 = 毛利 / 销售收入 \times 100\%$$

采用销售毛利率计算单位产品销售价格的公式为：

$$单位产品销售价格 = 单位产品原料成本 / (1 - 销售毛利率) \times 100\%$$

销售毛利率法是以销售收入为基数的毛利率计算方法。

3. 系数定价法

系数定价法是以原料成本和定价系数之积计算价格的方法。其中，定价系数是计划成本率的倒数，即定价系数 =1/ 计划成本率。

采用系数定价法计算单位产品销售价格的公式为：

$$单位产品销售价格 = 单位产品原料成本 \times 定价系数$$

职业模块 ❾ 技术创新与培训

内容结构图

技术创新与培训
- 技术研究
  - 技术问题、工艺难题的处理与解决
  - 技术研究总结的撰写
- 技术创新
  - 原料的创新
  - 新工艺、新品种的开发
- 培训指导
  - 培训与培训实施方法
  - 培训计划和培训大纲的编写
  - 培训讲义和培训教案的编写
  - 英语培训

培训项目 1

技术研究

培训单元 1　技术问题、工艺难题的处理与解决

掌握食品主要化学成分在加热过程中的变化
掌握西点制品质量缺陷的原因分析与避免措施

一、食品主要化学成分在加热过程中的变化

食品主化学成分是指蛋白质、糖类、脂肪、无机盐、维生素、水等。

1. 蛋白质的变化

构成蛋白质的基本单位是氨基酸,主要化学元素为碳、氧、氢、氮。在食品加热过程中,蛋白质会变性,该变化一般在 60~70 ℃时发生。变性的蛋白质使面团筋力下降,因此面团的弹性与延伸性相对减弱。蛋白质变性的速度同温度成正比,温度越高,蛋白质变性的速度越快。哈斗面糊就是利用面团烫熟后蛋白质变性的原理来制作的。

2. 糖类的变化

糖类广泛存在于各种植物性原料中,在加热时会发生各种变化。

(1)淀粉糊化。淀粉属于多糖,大量存在于谷物、薯类等植物中。淀粉由直

链淀粉和支链淀粉组成,组成比例因植物品种不同而异。

淀粉呈白色粉末状,在常温下不溶于水,但当水加热至53 ℃及以上时,淀粉可在其中溶胀、分裂形成均匀的糊状体,这种现象被称为淀粉的糊化。经过糊化的淀粉更易被人体吸收。

(2)淀粉老化。随着温度的降低,原有淀粉糊的均匀结构被破坏,呈现不溶状态,表现为凝结、沉淀,这种现象被称为淀粉的老化。淀粉糊在高温下不会老化,在温度低于60 ℃时开始老化,在2~5 ℃时老化速度加快,在0 ℃以下时老化速度又显著减慢。

(3)淀粉糊精化。糊精是淀粉不完全水解的产物,呈白色或黄色粉末状,易溶于水,有黏性,比淀粉易于消化。经过烘烤等工艺制成的面点,其成品表面的金黄色就是淀粉糊精化的结果。

3. 脂肪的变化

脂肪在高温条件下发生热聚合、热分解、热氧化等反应,而产生黏度增大、色泽变暗、起泡性增强、发烟点下降等变化。

> **小贴士**
> 如果反复加热使用油脂,会有有毒物质不断产成和累积,对人体有害,因此不宜使用反复油炸后的食用油。

在脂肪的熔点温度以上制作面点,成品表面较为光滑;反之,成品可塑性强但表面较粗糙。

4. 无机盐的变化

无机盐曾称矿物质,在食品加工过程中,无机盐中的阳离子和阴离子会随环境变化而改变其存在的状态,从而对食品质量产生不良影响。

5. 维生素的变化

食品中的维生素种类很多,在西点制作过程中易受到破坏。一般来讲,加热时间越长,温度越高,维生素的损失就越大。在西点成熟过程中,维生素的损失程度也不一样,大致情况为:维生素C > 维生素B_1 > 维生素B_2 > B族维生素 > 维生素A > 维生素D > 维生素E。

6. 水的变化

食品中的水根据其存在状态可分为自由水和结合水两种。自由水又称游离水,可作为溶剂,在0 ℃左右结冰,易挥发、散失,如蔬菜、水果存放时间过长而失去的水即自由水。结合水不易用普通方法分离,即使加热到100 ℃也不蒸发。结合水的存在关系到食品的风味。

二、西点制品质量缺陷的原因分析与避免措施

1. 混酥类点心的质量缺陷

（1）酥松性差。造成混酥类点心酥松性差的主要原因有：面粉筋力过高，油脂性能不佳或油脂、糖、鸡蛋的用量过少，化学膨松剂用量不足，面团搅拌过度。

避免混酥类点心酥松性差的主要措施有：选用低筋粉或加入适量的淀粉；选用性能好的油脂并保证配方中各原料的平衡性；可在控制用量的基础上用化学膨松剂提高酥松性；因为面团搅拌过度会产生面筋而降低制品的疏松性，所以一般将面团拌匀即可，不要过度搅拌。

（2）颜色浅。造成混酥类点心颜色浅的主要原因有：配方中糖的烘焙百分比太低，烘烤温度太低或烘烤时间不足。

避免混酥类点心颜色浅的主要措施有：适当增加糖的烘焙百分比，正确设置烘烤温度和烘烤时间。

（3）易散落、形态不完整。造成混酥类点心易散落、形态不完整的主要原因有：配方中油脂的烘焙百分比过高；所用油脂油性不足；加入油脂后搅拌时间过长，面团过度膨松。

避免混酥类点心易散落、形态不完整的主要措施有：调整配方中各原料的烘焙百分比，如降低油脂的烘焙百分比或相应提高其他原料的烘焙百分比；选用熔点高、可塑性强的油脂；控制面团的搅拌程度，不宜过度搅拌。

2. 清酥类点心的质量缺陷

（1）形态不端正。造成清酥类点心形态不端正的主要原因有：酥皮油（或油面团）和冷水面团的硬度不一致，包油时油脂分布不均匀，烘烤后成品膨胀程度不均匀；擀制面坯时双手用力不均匀，面坯厚薄不均匀、层次不均匀；面坯折叠次数不适宜，或折叠时没有对齐而导致层次不均匀；面坯成型时操作不当，导致面坯变形、厚薄不均匀，烘烤后成品膨胀程度不均匀。

避免清酥类点心形态不端正的主要措施有：酥皮油（或油面团）和冷水面团的硬度必须一致；擀制面坯时双手用力均匀，或用酥皮机压制面坯确保质量；面坯折叠次数适宜，且每次折叠要保证面坯对齐，尤其是对接处不能留有太大的空间；规范操作。

（2）层次不清晰、出油、起发性不好。造成清酥类点心层次不清晰、出油、起发性不好的主要原因有：油脂可塑性差或用量过少；面坯折叠次数少，烘烤时

油脂严重外溢；刀具不锋利，切面坯时使其表皮破损；烘烤温度过低或烘烤过程中多次打开炉门。

避免清酥类点心层次不清晰、出油、起发性不好的主要措施有：选用熔点高、可塑性强的油脂，检查配方确保原料配比正确；合理控制面坯的折叠次数；刀具锋利，保证面坯表皮不破；正确设置烘烤温度，且在烘烤过程中尽量避免打开炉门。

（3）收缩。造成清酥类点心收缩的主要原因有：酥皮油选用不当（或油面团制作不当）；冷水面团中盐的用量过多；每次折叠后或烘烤前，面坯未完全松弛。

避免清酥类点心收缩的主要措施有：选用质量好的酥皮油（或制作质量好的油面团）；调制冷水面团时减少盐的用量；规范操作，保证面坯在需要的时候能完全松弛。

3. 面包的质量缺陷

（1）表皮破裂。造成面包表皮破裂的主要原因有：在醒发阶段，面团发酵不足或过度，或醒发箱温度过高；在烘烤阶段，炉温过低或上火温度太高；面包坯在入炉前表面已结皮。

避免面包表皮破裂的主要措施有：在醒发阶段，严格控制醒发的温度、湿度和时间；在烤炉预热后再进行烘烤，按面包体积大小合理设置烘烤温度；面包坯成型后应及时进行烘烤，或采取措施避免水分散失而过早结皮。

（2）体积太小。造成面包体积太小的主要原因有：原料配比不准确，不符合工艺要求；面粉蛋白质含量较低；面团搅拌不足或过度；面团醒发时间不足或醒发温度过低；原料处理不当造成酵母活性减弱或失活。

避免面包体积太小的主要措施有：合理设计配方，保证各原料配比准确，符合工艺要求；选用蛋白质含量较高的面粉；规范操作，控制面团的搅拌程度；在醒发阶段，合理设置面团的醒发时间和醒发温度；在调制阶段，注意各原料的投入顺序，控制面团的温度，避免酵母活性减弱或失活，同时应注意酵母的用量和质量。

（3）体积太大。造成面包体积太大的主要原因有：面团醒发过度，盐、面粉等原料使用不当。

避免面包体积太大的主要措施有：合理设置面团的醒发时间和醒发温度；合理设计配方，控制盐的用量及使用蛋白质含量较高的面粉。

（4）表皮颜色太浅。造成面包表皮颜色太浅的主要原因有：原料配比不当，如糖的烘焙百分比过低；面团醒发过度；烘烤温度过低或烘烤时间不足；面包坯表面浮粉太多。

避免面包表皮颜色太浅的主要措施有：检查配方的平衡性，确保各原料配比准确，尤其是糖的烘焙百分比准确；合理控制面包的醒发时间和醒发温度；合理设置烘烤温度和烘烤时间；制作面包坯时不要使用过多的撒手粉。

（5）表皮颜色太深。造成面包表皮颜色太深的主要原因有：原料配比不当，如糖的烘焙百分比过高；烘烤温度过高或烘烤时间过长。

避免面包表面颜色太深的主要措施有：检查配方的平衡性，确保各原料配比准确，尤其是糖的烘焙百分比准确；合理设置烘烤温度和烘烤时间。

（6）表皮出现气泡。造成面包表皮出现起泡的主要原因有：面团太软、搅拌过度；面团醒发程度不够或醒发箱湿度过大；面团成型不当。

避免面包表皮出现气泡的主要措施有：在搅拌阶段，要适当搅拌面团，避免面团太软或搅拌过度；在醒发阶段，要使面团充分醒发，同时严格控制醒发箱的湿度；规范操作，避免面团成型不当。

（7）表皮太厚。造成面包表皮太厚的主要原因有：原料配比不当；烘烤温度太低或烘烤时间过长。

避免面包表皮太厚的主要措施有：检查配方的平衡性，确保各原料配比准确；在烘烤阶段，合理设置烘烤温度和烘烤时间。

（8）内部组织呈灰白色且无光泽。造成面包内部组织呈灰白色且无光泽的主要原因有：原料品质较差，面团醒发时间过长，烘烤温度过低。

避免面包内部组织呈灰白色且无光泽的主要措施有：使用品质优良的原料；在醒发阶段，合理控制醒发时间；在烘烤阶段，合理设置烘烤温度。

（9）面团发酵不足。造成面包面团发酵不足的主要原因有：盐、糖、油脂及其他原料用量过高；水的硬度太高；酵母活性不足或活化酵母的水温过高；在调制阶段，搅拌工艺不当；在醒发阶段，醒发温度过低、醒发时间过短；主面团或种子面团太硬。

避免面包面团发酵不足的主要措施有：检查配方的平衡性，确保盐、糖、油脂及其他原料的用量准确；选用硬度符合要求的水；选用质量合格的酵母，同时注意酵母的用量及使用方法；在调制阶段，选用适宜的搅拌工艺，规范操作；在醒发阶段，合理控制醒发温度和醒发时间；控制操作环境温度及面团温度。

4. 蛋糕的质量缺陷

（1）在烘烤过程中收缩变形。造成蛋糕在烘烤过程中收缩变形的主要原因有：配方中面粉的烘焙百分比过低，面糊组织结构不佳，持气性差，出现热胀冷缩的现象；糖的用量过高，搅打蛋白时影响蛋白薄膜的形成、膨胀及充气；过量使用添加剂，面糊过度膨胀，蛋糕的组织结构被破坏而不稳定，出现热胀冷缩的现象；鸡蛋不新鲜，面糊黏度和稠度下降，充气性差；蛋白及面糊搅拌过度而充气过度，面糊相对密度减小、持气性下降；在烘烤阶段，烘烤温度太高或太低，或蛋糕坯受到震动。

避免蛋糕在烘烤过程中收缩变形的主要措施有：检查配方的平衡性，确保面粉、糖、添加剂的用量准确；选用新鲜的鸡蛋；在调制阶段，合理控制蛋白及面糊的搅拌程度；在烘烤阶段，合理设置烘烤温度，对大小、厚薄不同的蛋糕坯使用不同的烘烤温度，同时尽可能不要移动烤盘以免蛋糕坯受到震动而塌陷。

（2）体积太小。造成蛋糕体积太小的主要原因有：打蛋时间不足，面糊充气量太少而膨胀程度不足；在调制的最后阶段，加入油脂后搅拌速度太快、搅拌时间太长，面糊内空气损失过多；面糊的总水量偏多，黏度下降，组织结构不稳定，持气性下降；面糊调制后放置时间太长，没有及时入模、烘烤，造成面糊消泡；面糊入模量不当；烘烤温度过高，蛋糕表皮过早定型而难以起发。

避免蛋糕体积太小的主要措施有：严格控制打蛋时间，保证面糊的充气量，控制面糊的膨胀程度；在调制的最后阶段，加入油脂后合理控制搅拌速度和搅拌时间；控制面糊的总水量；面糊调制后应及时入模、烘烤，不宜放置太久；面糊入模量不宜太多或太少；合理设置烘烤温度。

（3）表皮颜色太深。造成蛋糕表皮颜色太深的主要原因有：配方中糖、蛋黄的烘焙百分比过高，蛋糕着色过度；烘烤温度不当；烤盘及模具边壁过高，蛋糕表面所吸收的热量过大，蛋糕定型早、着色快。

避免蛋糕表皮颜色太深的主要措施有：检查配方的平衡性，确保各原料配比准确；合理设置烘烤温度，宜下火温度高、上火温度低；选用合适的烤盘及模具。

（4）内部组织韧性太强。造成蛋糕内部组织韧性太强的主要原因有：使用了筋力过高的面粉；配方中原料配比不准确，特别是面粉的烘焙百分比过大，而鸡蛋、糖、油脂的烘焙百分比偏低；在调制阶段，加入面粉后搅拌时间太长，形成了较多的面筋；在烘烤阶段，烘烤温度过低、烘烤时间太长，蛋糕水分散失量较大。

避免蛋糕内部组织韧性太强的主要措施有：宜采用低筋粉，或添加玉米淀粉、变性淀粉来降低面糊筋力；检查配方的平衡性，确保各原料配比准确；在调制阶段，加入面粉后轻轻拌匀即可，不能过度搅拌；合理设置烘烤温度和烘烤时间。

（5）表皮破裂。造成蛋糕表皮破裂的主要原因有：配方不合理，鸡蛋的用量过多，面粉的用量过少，面糊组织结构不稳定；烘烤温度太高，烘烤时间太长。

避免蛋糕表皮破裂的主要措施有：检查配方的平衡性，确保各原料配比准确；合理设置烘烤温度和烘烤时间。

（6）内部组织粗糙。造成蛋糕内部组织粗糙的主要原因有：使用的化学膨松剂过多；蛋液的搅打时间过长，面糊充气过度，气泡分布不均匀；烘烤温度太低，蛋糕没有充分膨胀，内部组织不均匀，大气孔多，气孔壁厚。

避免蛋糕内部组织粗糙的主要措施有：根据不同的蛋糕品种合理确定化学膨松剂的用量；不过度搅打蛋液；合理设置烘烤温度。

5. 泡芙的质量缺陷

（1）起发效果不好。造成泡芙起发效果不好的主要原因有：面糊未烫熟、烫透；蛋液用量不足；烘烤温度过低或烘烤时间不足，或烘烤时多次打开炉门导致热气流失。

避免泡芙起发效果不好的主要措施有：调制面糊时必须将其烫熟、烫透；合理控制蛋液的用量，分次加入蛋液后面糊必须搅透，一般提起搅拌器面糊呈自然下垂状即可；正确设置烘烤温度和烘烤时间，尽量避免在烘烤过程中打开炉门。

（2）表皮颜色太深或太浅。造成泡芙表皮颜色太深或太浅的主要原因是烘烤温度和烘烤时间不当。

避免泡芙表皮颜色太深或太浅的主要措施是合理设置烘烤温度和烘烤时间。

（3）表皮裂纹过多或没有裂纹。造成泡芙表皮裂纹过多或没有裂纹的主要原因是配方中液态原料的烘焙百分比过低或过高。面糊中液态物质过少，会导致成品裂纹过多，体积小而底部突出；面糊中液态物质过多，会导致成品表皮没有裂纹，底部内凹，总体形态差、易塌陷。

避免泡芙表面裂纹过多或没有裂纹的主要措施是调整配方中液态原料的烘焙百分比，在烫制面糊时控制液态物质的挥发量。

6. 巧克力制品的质量缺陷

（1）表面出现白色纹路。造成巧克力制品表面出现白色纹路的主要原因是操作温度或保存温度不当。根据白色纹路的现象不同，可将其大致分为可可脂形成的"霜花"和砂糖形成的"霜花"。

1）可可脂形成的"霜花"。原因之一是巧克力的调温温度不当，导致巧克力调温失败而较长时间才凝固，其表面的可可脂结晶形成"霜花"（可可脂的熔点为

36 ℃左右，在其熔点温度下巧克力容易起"霜花"）。原因之二是保存温度不当。若保存温度过高，则巧克力会融化，可可脂会上浮到制品表面，形成不稳定的结晶体而产生"霜花"。

避免可可脂形成"霜花"的主要措施有：在调温过程中合理控制温度；在保存时选择适宜的保存环境，合理控制保存温度。

2）砂糖形成的"霜花"。若将放置于低温环境下的巧克力制品转移到温度相对较高的环境中，巧克力制品表面会因为温差形成水滴。该水滴会溶解巧克力中的部分砂糖，若将巧克力制品长时间放置在温度较高的环境中，水滴的水分蒸发后会在巧克力制品表面留下砂糖的结晶体，形成"霜花"。

避免砂糖形成"霜花"的主要措施是不要长时间将巧克力制品放置在温度较低的冰箱中，应将其放置在温度适宜的保存环境中。

（2）变黏稠。造成巧克力制品变黏稠的主要原因有：制作环境潮湿，巧克力制品吸收水分而变黏稠；制作时液态巧克力中的部分可可脂黏附在操作台及设备工具上，可可脂减少而使液态巧克力的流动性变差，使巧克力制品变黏稠。

避免巧克力制品变黏稠的主要措施是适量添加可可脂进行调节。

培训单元2　技术研究总结的撰写

了解技术总结的写作内容
掌握技术总结的写作要求和写作结构

一、技术总结的写作内容

1.从事本职业的工作经历，主要表现本人对操作技能的掌握及在技术水平、管理水平方面的提升。

2.从事本职业期间曾攻克的技术难关，并能反映出本人具有较高的操作能力和管理能力。

3. 从事本职业期间积累的工作经验和提出的创新方法，内容和要求具体如下：总结的工作经验需对本职业工作人员具有指导意义和实用价值，提出的创新方法需对本职业的发展具有提升作用和推广价值。

4. 从事本职业期间带徒带教或者培训、教学的经历和成果，能反映出通过本人相关工作促进他人技术水平的提高。

5. 如果目前从事的工作已不在一线岗位，则主要描述所做工作与该职业的关系及相应的工作体会。

6. 其他与本职业相关的个人实践情况，或者接受本职业相关课程培训后的感悟。

二、技术总结的写作要求

1. 明确主题

写好技术总结的关键是明确主题，明确主题应做到标题贴切、鲜明、简短。注意，不要去研究那些未开发的领域，而要对生产中所解决的问题和管理经验进行总结，并上升到理论高度，用于指导今后的生产。主题确定错误会导致方向错误，往往造成结果失败，所以一定要先明确主题。

2. 收集资料

首先，要通过观察、实验、访谈、调查、阅读等方法把有关资料收集在一起，收集时应注意资料的广度、深度和准确度；其次，挑选可利用的资料并进行辨析，分清轻重主次。

3. 抓住重点

撰写技术总结时应扬长避短，从自己的专业和工作实际入手，在工艺改进、技术攻关、新设备应用、新原料使用等方面对确有技术推广价值的项目进行总结，并在自己最擅长、贡献最突出的项目中整理出基础内容。

4. 科学分析

相关数据必须经过反复验证，确认方法正确、结果正确、使用得当。论述中的确定性意见及支持性意见的理由应充分。在引证时所用论据要充分、有说服力，要经得起推敲、经得起验证。

5. 总结经验

技术总结不是复制其他同类型的文章，而是要进行高度精练的概括。其文字要有说服力，重点突出科学性和严谨性。技术总结必须有结论，且结论不可模棱两可。

三、技术总结的写作结构

1. 开头部分

（1）标题。标题是技术总结主要内容的高度概括，是文章的"眼睛"，要醒目、简短。标题一般不超过20个汉字，整个标题无须使用标点符号。标题要准确，既要防止大内容小标题，又要防止小内容大标题，并尽量避免使用副标题。

（2）署名。署名位于标题之下，以表明文本的责任者和著作权拥有者。作者应该是技术总结的执笔者，对技术总结的全部内容负责。

2. 主体部分

（1）工作经历。工作经历是技术总结很重要的主体部分，应如实按时间先后顺序介绍个人从事本职业的工作经历。其主要内容可包括工作年限、工作单位、工作职务/岗位、证明人等。采用表格列举更简明扼要。

（2）自我介绍。自我介绍主要陈述从事本职业工作的心得体会。自我介绍一般包含两方面内容，一是个人职业道德、思想建设等作风总结，二是工作能力、职业培训等业务总结。

（3）主题研究。主题研究是对标题的论证及说明。该部分可引用市场调查结果、实验数据、参考文献等对主题进行论证、阐述。

3. 结尾部分

（1）结尾部分主要是主题研究的结论。结论部分的文字要简练，其内容应真实可靠，能透过现象看本质，起到预测未来、指明方向的作用，并与开头部分相呼应。

（2）结尾部分还应阐述未来的努力方向。努力方向是自己对未来的职业规划，应提出以往工作的不足，明确今后工作的努力方向。

培训项目 2 技术创新

培训单元 1　原料的创新

了解西点技术创新的含义
熟悉西点技术创新的基础
能够对西点原料进行创新

一、西点技术创新的含义

西点技术创新是指为了丰富西点品种、满足西点发展需要，西式面点师运用已有的技术打破常规，生产出某种新颖、独特、有食用价值的西点新品种的过程。

西点技术创新包括创造新品种、改善原有品种等。它是对西点成品色泽、香味、口感、形态的变革，是制作工艺的再创造，是对已有品种的丰富和完善。

二、西点技术创新的基础

1. 技术底蕴

西点技术创新首先要求创新人员要有技术底蕴。西点技术创新需要经验丰富、技术娴熟、思路开阔、富有创意的高技能人才，他们的主观创新精神和技术底蕴是西点技术创新的基础。

2. 市场认可

销售市场是西点创新产品产生经济价值的基础。西点创新产品有销售市场才有生命力，才能规模化量产，才能产生经济价值。

3. 原料保障

西点技术创新有原料创新的要求，丰富多样的原料会给西点创新产品的研发提供物质基础。

4. 设备保障

常规设备是西点常规产品制作的基本条件，新设备、新工具等的出现为西点创新产品的制作提供了契机，使新工艺得以实现，也可简化操作流程。

三、西点传统原料的创新应用

在我国，有传统食用习惯的原料是普通食品原料，而无传统食用习惯的原料是新食品原料。

糖是西点的主要原料，但是传统原料白砂糖却有高能量的缺点，部分消费者不宜食用含白砂糖的西点。新型糖类原料的出现给功能性食品带来了新产品。

L-阿拉伯糖是一种新型的低热量甜味剂，广泛存在于水果和粗粮的皮壳中，原卫生部于2008年正式批准L-阿拉伯糖为新资源食品，确认了其在功能糖领域的重要地位。L-阿拉伯糖分子结构稳定，在高温下不会被分解，因此可以用于焙烤食品中。软曲奇是一类很受欢迎的饼干，但是其含糖量很高，容易造成肥胖，在此类饼干中添加L-阿拉伯糖能够抑制人体对蔗糖的吸收，从而减少人们对增重的恐惧。同样，在高热量食品如蛋糕中添加一定量的L-阿拉伯糖能够降低能量密度，可据此来吸引更多的消费者。

米酒野生酵母的制作

米酒又称酒酿、甜酒，由糯米酿制而成。米酒口味香甜，含酒精量很低，深受人们的喜爱。用米酒培养的野生酵母可以用来制作面包，这种面包又香又甜，具有独特的酸味，口感极佳。米酒野生酵母的制作一般需要两周时间。在制作期间，酒种受到米饭品质、米曲品质、温度、湿度等多种因素的影响，其香味会有所变化，因此，制作者必须勤于观察以掌握规律。

操作步骤

步骤1 将煮好的米饭放入消过毒的容器中。

步骤2 加入米曲。米曲的添加量因米曲品质、作业场所温度和湿度的不同而异，可根据经验来判定。

步骤3 加水，直至覆盖所有米饭为止，用木勺搅拌均匀。

步骤4 为方便发酵过程中空气进出，只需在容器上方轻轻地盖上一层保鲜膜或盖子。将容器放在27 ℃左右的环境下发酵24 h，制成酒种。在发酵期间，需要经常搅拌，以增加空气供酵母呼吸、繁殖。

步骤5 将上述酒种再与等量的米饭放入消过毒的容器内，用木勺搅拌均匀，在容器上方轻轻地盖上一层保鲜膜或盖子，并在27～30 ℃的环境下发酵24 h，制成新的酒种。

步骤6 在两周之内，每天重复上述操作步骤。

注意事项

1. 在第2天或第3天时，米酒野生酵母的发酵活动开始活跃起来，酒种表面开始有气泡冒出，发酵液变混浊。此时应特别注意观察，防止发酵液表面被杂菌污染。

2. 发酵最佳状态。当酒种充分膨胀后，其表面开始下陷的那一刻表示发酵完毕，可以将其作为天然酵母制作面包。

3. 在米饭中加入米曲和水使米曲增殖发酵而制得酒种时，因米曲的发酵力较弱，故可能需要再加入一定量的酵母使其与米曲共生。

培训单元 2　新工艺、新品种的开发

了解产品创新与工艺创新的区别
掌握西点工艺创新的方法和要求
熟悉西点新品种开发的意义和过程

一、产品创新与工艺创新的区别

产品创新的生产者主要是为用户提供新产品，而工艺创新的生产者也是创新成果的使用者。产品创新的成果主要体现在产品的物质形态上；而工艺创新的成果既可以渗透在劳动者、劳动资料和劳动对象之中，又可以渗透在各种生产力要素的结合方式上。

二、西点工艺创新的方法和要求

1. 西点工艺创新的方法

（1）引进、运用新设备进行工艺创新。设备是西点企业生产的基本手段和重要物质技术基础。想生产高质量、低成本的产品，获得较高的劳动生产率，没有先进的生产设备是难以实现的。西点企业必须要跟上科技发展的步伐，及时引进、运用新设备。引进、运用新设备主要表现为以下几个方面。

1）设备的原型更新。用同一型号的新设备来更换旧设备。

2）设备改造。为满足增产或加工的特殊要求，对原设备的功率、形状、体积、工作方式等进行改造。

3）设备技术改造。把新技术成果应用于西点企业的现有设备，以提高现有设备的技术水平。

4）设备更新。用技术性能更完善、经济效益或社会效益更显著的新型设备来替代落后设备。

（2）引进、运用新技术进行工艺创新。技术创新带来的新工艺一旦获得市场认可，一方面可扩大西点企业生产领域和经营范围，增加新的销售渠道和利润；另一方面则通过改进工艺方法、工艺流程等提高劳动效率和产品质量，减少劳动消耗和各种资源消耗。

2. 西点工艺创新的要求

（1）首先要更新观念，树立、增强工艺创新意识，充分认识到西点工艺创新对于企业生存发展的重要性和紧迫性，重视企业工艺创新能力的提高。

（2）加大工艺创新的资金投入，建立有效的人才激励机制。

（3）保证工艺创新的连续性。与产品创新相比，工艺创新要通过稳定、连续、渐进的创新来完成。

三、西点新品种开发的意义和过程

1. 西点新品种开发的意义

（1）西点新品种开发是西点企业效益持续增长的基础。西点产品是西点企业赖以生存和发展的物质基础，但西点产品是有经济寿命的。随着技术的进步和市场竞争的加剧，西点产品的经济寿命越来越短。西点企业要生存发展，必须不断地改进老产品和开发新产品，不断地开拓新市场，并依靠市场规模的扩大增加利润。

（2）西点新品种开发是不断满足市场需求的客观基础。随着生活水平的提高，人们的需求也越来越多样化，新产品开发为不断满足多样的市场需求奠定了基础，而且新产品开发还具有创造需求和市场、引导消费的社会效用。

（3）西点新品种开发是社会进步、经济发展的物质条件。西点产品品种、数量的多少以及质量水平标志着一个西点企业的技术水平和生产水平，标志着社会进步与经济繁荣的程度。因此，西点新品种开发还会促进西点企业及西点行业的技术进步和产品结构调整。

2. 西点新品种开发的过程

（1）产品构思。西点新品种开发的第一步是产品构思。产品构思可能来源于新发明、新技术、新原料、新工艺，也可能来源于销售部门经过调查研究取得的消费者对西点品种的新希望和新要求，还可能来源于从现有产品得到的新启发。

（2）评价与产品构思方案确立。有了产品构思后，要对市场营销的前景及生产技术的可行性进行分析、评价,及时发现问题并对新构思进行优化,确定具体的产品构思方案。

(3)产品定型与试制。产品构思方案确定后,研发部门经过初步设计提出产品的技术要求,确定产品的各项指标及参数,最终对产品进行定型,并完成试验研究。在完成试验研究后,对新品种进行试制,做好工艺准备、样品鉴定、小批量生产等工作,随后做好大批量生产的准备工作。

(4)试销。试销是对西点新品种进行鉴定的重要环节。技术人员对试销产品的生产过程进行评价,营销人员对试销产品的营销计划进行评价并做出预测。

(5)分析和改进。对试销产品生产、销售等各个环节存在的问题进行分析和改进,为全面销售西点新品种做好充分准备。

(6)商品化。西点新品种推出后,成功的产品就进入成长、成熟和竞争的固有循环周期。销售部门要密切关注产品在不同发展阶段的市场反应,适时调整市场营销策略,保证西点企业能较长期地获得可观的利润。

(7)总结归档。在西点新品种开发完成后,要将新品种名称、构思阐述、主要原料、配方、工艺流程、制作方法、成品特点、注意事项、新品种图片等进行总结并整理成表(见表9-1),并将此表进行归档留存。

表9-1 西点新品种开发的项目成果

新品种名称	
构思阐述	
主要原料	
配方	
工艺流程	

续表

制作方法	
成品特点	
注意事项	
新品种图片	
开发要求	原料：高档、新颖、多样化 形态：端正、无缺损、个性化 造型：制作技巧难度高、造型别致、装饰美观 色泽：颜色搭配恰当、光泽均匀 创意：原料有创新、造型有创意、质感特色鲜明、口味复合化 成熟：方法多样化

培训项目 3　培训指导

培训单元 1　培训与培训实施方法

了解培训的基本概念、基本要求和基本方法

一、培训的基本概念

1. 课程

课程是指学校为实现各级培训目标而规定的教学科目及其目的、内容、进程总和。

2. 培训计划

培训计划是根据培训需求和培训目标统一制定的关于学校培训工作具体安排的指导性文件,是学校组织教学工作的重要依据。

3. 培训大纲

培训大纲是根据培训计划细化的培训目标、培训内容、培训学时等方面的建议,是以纲要的形式规定的指导性文件。培训大纲是培训计划的具体化。

4. 教材

教材是根据培训大纲和培训方法的要求,系统而简明扼要地叙述培训内容的培训用书。

二、培训的基本要求

1. 培养职业道德

培训促进学员全面发展,这是培训组织实施的最基本要求。在培训过程中,教师应在引导学员获得系统的理论知识和基本技能的同时,促进学员总体素质的发展。在职业道德养成方面,要让学员掌握应具备的职业品德和职业精神。以职业化的心态和职业化的做事习惯完成工作是企业发展的需要,也是个人职业发展的需要。

2. 传授知识

在培训过程中,教师要在传授知识的同时引导学员理解学习内容,掌握学习规律和科学的学习方法。

在培训过程中,教师要注意培训的直观性、巩固性和可接受性,以及各种培训方法的内在联系和最优组合。

3. 传授技能

技能具有可以讲解、可以演示的特点,在培训过程中,教师应通过讲解、演示让学员掌握技能的精髓。

4. 理论联系实际

古人云:"工欲善其事,必先利其器。"就理论联系实际而言,"器"就是理论,"利其器"就是不断加强理论学习。

在培训过程中,教师要根据人的认识规律指导培训,使学员从理论与实际的联系中理解和掌握培训内容,引导学员运用掌握的理论知识去分析、解决实际问题,从而获得较完整的知识系统。教师要引导学员学好基础知识,为理论联系实际打好坚实的基础。

三、培训的基本方法

1. 讲授法

讲授法是指教师主要运用语言讲述,系统地向学员传授知识、传播思想理念的培训方法。即教师通过叙述、描绘、解释、推论来传递信息、传授知识、阐明概念、论证定律和公式,引导学员获取知识、认识和分析问题。

2. 讨论法

讨论法是指在教师的指导下,学员以班级或小组为单位,围绕学习单元的内容对某一专题进行深入探讨，通过讨论或辩论活动获得知识或巩固知识的培训方法。讨论法要求教师在讨论结束时对讨论的主题做归纳性总结。

3. 实训（练习）法

实训（练习）法是指学员在教师的指导下巩固知识、运用知识、形成技能技巧的培训方法。学员可通过实际操作的练习获得技能。

4. 参观法

参观法是指教师组织或指导学员进行实地观察、调查、研究和学习，使学员获得新知识或巩固已学知识的培训方法。参观法可细分为准备性参观、并行性参观、总结性参观等。

5. 演示法

演示法是指在培训过程中，教师通过示范操作和讲解使学员获得知识、技能的培训方法。在培训过程中，教师对操作内容进行现场演示，边操作边讲解，强调操作的关键步骤和注意事项，使学员边学边做，理论与技能并重，师生互动，提高学生的学习兴趣和学习效率。

6. 案例教学法

案例教学法是指通过对案例进行分析，提出问题，分析问题，并找到解决问题的途径和手段，培养学员分析问题、处理问题的能力的培训方法。

7. 项目教学法

项目教学法是指以实际应用为目的，将理论知识与实际工作相结合，通过师生共同完成一个完整的项目工作，使学员获得知识和实践操作能力与解决实际问题能力的培训方法。其实施是以小组为单位，一般分为确定项目任务、计划、决策、实施、检查和评价 6 个步骤。项目教学法强调学员在学习过程中的主体地位，以学员为中心，以学员学习为主、教师指导为辅，通过完成教学项目，激发学员的学习积极性，使学员既获得相关理论知识，又掌握实践技能和工作方法，提高学员解决实际问题的综合能力。

8. 实物示教法

实物示教法是指教师通过进行实物操作演示或对学员实物操作演示进行评价，实现对学员操作步骤和要领掌握情况的检查、纠正的培训方法。

9. 观摩法

观摩法是指让学员通过现场观摩、观看视频等形式，学习、获取知识、技能的培训方法。

培训单元2　培训计划和培训大纲的编写

掌握培训计划编写的方法与要求
掌握培训大纲编写的方法与要求

一、培训计划编写的方法与要求

1. 培训计划编写的方法

（1）分析培训需求。在进行员工培训之前，分析培训需求是设计培训项目、建立评估模型的基础。培训需求分析包括组织分析、工作分析和人员分析三个方面。

1）组织分析。组织分析的目的是确定员工在整个组织范围内的培训需求，从组织目标和组织战略出发，分析人力资源开发的需求。

2）工作分析。工作分析的目的是确定培训内容，即让员工达到令人满意的工作绩效所必须掌握的内容，如工作态度、专业知识、专业技能等。

3）人员分析。人员分析的目的是明确每名员工完成工作任务的优劣。实际工作绩效与理想工作绩效之间的差距可由培训来弥补、缩小。

（2）设置培训目标。培训目标是宏观、抽象、可操作的，需要不断地分层次细化、具体化。培训目标的设置来源于培训需求的分析，设立了培训目标就能确定培训对象、培训内容等具体事宜，也可以在培训完成后对照培训目标进行有效评估。

（3）细化培训内容。培训的基本内容包括培训要求、培训课程、培训时间、培训方法、培训资源等。

（4）培训实施准备。培训实施准备一般包括培训教材准备、培训课程安排、培训教师选择等工作。

2. 培训计划编写的要求

（1）培训目标应明确。只有明确培训目标才能科学地设计培训计划的其他部分。

（2）培训方法应灵活。各种培训方法都有其优缺点，在一次培训中往往灵活结合使用两到三种培训方法。

（3）培训课程应符合需求。培训课程一般包括三个层面，即知识层面、技能层面和素质层面。知识课程是培训中的外显层次，可帮助学员认识、理解及掌握基本概念，增强对新环境的适应能力，如提高对新技术、新设备、新工艺的适应能力。技能课程是培训中的中间层次，其培养的是学员的实际操作能力。素质课程是培训中的核心层次，主要帮助学员树立正确的人生观和价值观，提高学员的职业道德素养。

二、培训大纲编写的方法与要求

1. 培训大纲编写的方法

（1）培训目标。培训目标要体现培训形式以及培训所要达到的目的。通过培训使接受培训的人员达到某一等级知识或技能要求。培训目标也是编写某一等级培训大纲的主要依据。

（2）课程设置。课程设置是确定培训内容、建立合理的培训课程体系的核心，也是培训大纲的实质性内容。

认识和掌握各门课程的地位、作用、知识体系及技能要求，是编写培训大纲的前提条件。企业各类培训的培训大纲核心应该是课程组合及课程内容。课程设置决定了培训策略和培训方法的选择依据。

（3）培训形式。培训形式主要是指如何进行培训活动。在企业培训中，培训形式常受到教师、培训教材等其他因素的影响。

（4）学时安排。培训大纲的学时安排常常受到为完成某门课程所需要的学时、周学时、总学时等因素的影响。

2. 培训大纲编写的要求

培训大纲编写的要求为：落实培训计划、坚持开拓创新、反映最新技术成果和符合系统性和科学性。

培训单元3　培训讲义和培训教案的编写

掌握培训讲义的编写方法
掌握培训教案的编写方法

一、培训讲义的编写

1. 分析培训目标

分析培训目标是编写培训讲义的重要步骤,属于调查、研究阶段。培训讲义要在分析培训目标的基础上详细阐述学员必须掌握的知识和技能。

2. 设计与编写培训讲义

设计与编写培训讲义有五个具体步骤,即根据培训目标设计讲义主题、编写讲义提纲、完成讲义主体内容、选择授课方式和查缺补漏。

二、培训教案的编写

1. 培训教案概述

(1)培训教案的基本形式。培训教案的基本形式包括讲稿式教案、多媒体教案、流程式教案等。

(2)培训教案的基本内容。培训教案的基本内容包括培训单位、课程类型、编写日期、职业(等级)、课程、执行记录、章节(课题)、培训目的、培训重点、培训难点、培训辅助手段、培训后记、培训环节、培训内容、培训方法等。

(3)培训教案的分类。培训教案分为理论课教案和实训课教案。

1)理论课教案。理论课教案可按组织教学、复习导入、讲授新课、归纳小结、布置作业等环节编写。

2)实训课教案。实训课教案的内容还包括实训内容和实训设备工具,具体可按组织教学、讲授新课(讲解本次实训课的要点)、演示操作、巡回指导、结束指导等环节编写。

2. 培训教案的编写方法

（1）了解培训对象。编写者要了解学员现有能力水平与期望目标之间的差距，了解学员的知识和技能水平、工作态度，了解学员的个性特征、领导能力特征、认知方式、沟通方式等。

（2）了解培训教材。编写者要选择适用的培训教材并认真阅读，完成培训教案的主体内容。

（3）选择培训方法。编写者要选择可操作性强、效果好的培训方法。

 **相关链接**

培训教案实例

培训单位：　　　　　　课程类型：实训课

编写日期：　　年　月　日

职业（等级）	西式面点师（中级）	执行记录	班级	
			日期时间	
课程	法棍面包制作			
章节（课题）				
培训目的	通过技能训练，让学员掌握法式面包代表品种之一法棍面包的制作方法			
实训内容	1. 原料知识 2. 面团调制及成型工艺 3. 面包烘烤工艺 （实训课用）		实训设备工具	烤炉、搅拌机、醒发箱、模具、烘焙工具 （实训课用）
培训重点	法棍面包的成型方法		培训难点	法棍面包的成型方法
培训辅助手段	板书或投影			
培训后记				
审批			签名：　　　　　年　月　日	

注：1. 以1个学时为单位编写培训教案。
　　2. 课程类型包括理论课和实训课。

培训环节	培训内容	培训方法
①组织教学	1. 准备好演示用的设备工具和学员独立操作用的设备工具，以及原料、预制成品 2. 学员入座，按点名册点名，按时上课	讲授法
②讲授新课	1. 导入法棍面包的起源及相关趣味知识 2. 引入法棍面包的产品特点及制作要求 3. 投影显示或板书书写法棍面包的配料表 4. 将演示用原料放置在操作台上，并分别做介绍	讲授法和观摩法
③演示操作	1. 将配方中的原料混合均匀，加入一定比例的水 2. 先低速搅拌 4~5 min，再高速搅拌 7~10 min，搅拌成面团，面团温度宜为 24~26 ℃ 3. 待面团静置 30~40 min 后将其分割，每块面团重约 250 g，再将面团制成面包坯 4. 将面包坯进行最后醒发，时间为 70 min，温度为 32 ℃，相对湿度为 70% 5. 待面包坯醒发至八成时，用刀片在其表面划刀口 6. 将面包坯送入预热好的烤炉进行烘烤，适时通入水蒸气（烘烤温度为 235 ℃，烘烤时间为 25~30 min） 7. 演示操作完成后，讲解成品特点并让学员分享成品	讲授法和演示法
④巡回指导	组织学员进行实践操作 1. 排位 2. 领料及配料 3. 学员自行操作，教师巡视并进行个别指导	实训法
⑤结束指导	1. 学员制作完毕，教师点评制作过程及成品的优缺点 2. 教师讲解本产品制作的难点 3. 让学员结合今天制作的法棍面包产品考察不同酒店或西点企业的同类产品，提出改进或优化意见	讲授法、讨论法和观摩法

培训单元4 英语培训

掌握西点厨房专业英语

一、工具设备

英文	中文
baking oven	烤炉
chocolate tempering machine	巧克力调制恒温器
electric stove	电炉
ice cream machine	冰激凌机
mould	模具
fermenting box	醒发箱
revolving oven	旋转烤炉
rounder machine	揉圆机
sheeting machine	起酥机
electric egg beater	电动打蛋机
toaster	烤面包机
tunnel oven	隧道烤炉
baking pan	烤盘
baking sheet	烘焙垫
bench	工作台
bowl	碗
bread basket	面包篮
bread blender	面包面团搅拌机
bread knife	面包刀

续表

英文	中文
bread slicer	面包切片机
brush	毛刷子
cake knife	蛋糕刀
cake ring	蛋糕圈模
can opener	开罐器
container	容器
flour scoop	面粉铲
fork	叉子
funnel	漏斗
ice cream scoop	冰激凌勺
measuring cup	量杯
mesh strainer	筛网
pan	盆／平底锅
piping bag	裱花袋
piping tube	裱花嘴
revolving cake stand	裱花转台
rolling pin	擀面杖
sauce pan	沙司锅
scale	秤
scissors	剪刀
serrated bread knife	锯刀
scraper	刮板
spatula	抹刀
spoon	勺
sugar heating lamp	糖艺灯
food thermometer	食品温度计
toast mould	吐司模
whisk	打蛋器
wooden spoon	木勺

二、原料

英文	中文
agar	琼脂
alcohol	酒精
baking powder	泡打粉
baking soda	苏打粉
bran	麦麸
bread flour	面包粉
brown sugar	红糖
butter	黄油
cake flour	蛋糕粉
candy	糖果
cane sugar	蔗糖
cheese	干酪
chocolate	巧克力
cocoa butter	可可脂
cocoa paste	可可酱
cocoa powder	可可粉
coconut powder	椰子粉
condensed milk	炼乳
corn starch	玉米淀粉
cream	稀奶油
cream cheese	奶油干酪
crumb	面包屑
crust	外壳/面包皮
cube sugar	方糖
custard powder	吉士粉
cherry	樱桃
dark chocolate	黑巧克力
rye flour	黑麦粉
dry yeast	干酵母

续表

英文	中文
egg	鸡蛋
egg white	蛋白
egg yolk	蛋黄
emulsifier	乳化剂
essence	香精
flavoring materials	调味品
flour	面粉
fondant	软糖料/翻糖
food additive	食物添加剂
food colouring	食用色素
fresh yeast	鲜酵母
whole milk powder	全脂奶粉
gelatin	明胶
glucose	葡萄糖
grain	谷物/谷粒
granulated sugar	砂糖
hard water	硬水
hazelnut paste	榛子酱
icing sugar	糖粉
invert sugar	转化糖
jam	果酱
jelly	果冻
lactose	乳糖
lard	猪油
lemon juice	柠檬汁
malt	麦芽
maltose	麦芽糖
margarine	人造黄油
marzipan	杏仁膏
milk	牛奶
milk chocolate	牛奶巧克力

续表

英文	中文
milk powder	奶粉
mocha	摩卡咖啡
nonfat dried milk	脱脂奶粉
oatmeal	燕麦片
oil	油
raisin	葡萄干
rusk	甜面包干/脆饼干
rye	黑麦
salad oil	色拉油
shortening	起酥油
soft water	软水
sour cream	酸奶油
soya flour	大豆粉
spice	香料
syrup	糖浆
vanilla	香草
vegetable oil	植物油
wheat starch	小麦淀粉
white chocolate	白巧克力
whole egg	全蛋
whole wheat flour	全麦粉
almond	扁桃仁
apple	苹果
apricot	杏
banana	香蕉
blackberry	黑莓
blueberry	蓝莓
brandy	白兰地
chestnut	栗子
cinnamon	肉桂
ginger	姜
honey	蜂蜜

续表

英文	中文
kirsch	樱桃酒
kiwi fruit	猕猴桃
lemon	柠檬
mango	芒果
mint	薄荷
nut	坚果
onion	洋葱
orange	橙子
peach	桃子
pear	梨
pecan	山核桃
pepper	胡椒
pistachio	开心果
potato	马铃薯
raspberry	树莓
red wine	红葡萄酒
rum	朗姆酒
salt	盐
sesame	芝麻
strawberry	草莓
vegetable	蔬菜
walnut	核桃
white wine	白葡萄酒
yogurt	酸奶

三、西点产品

英文	中文
braided bread	辫子面包
bread	面包
cake	蛋糕
cookie	曲奇饼干

续表

英文	中文
cream puff	奶油卷／奶油泡芙
Danish pastry	丹麦糕点
Éclair	长形泡芙
French bread	法式面包
ice cream	冰激凌
meringue	蛋白酥
mousse	慕斯
muffin	松饼
pancake	薄饼
parfait	冰激凌水果冻
petit four	（配咖啡吃的）小饼干／小蛋糕
pie	派
pudding	布丁
puff pastry	油酥点心
doughnut	甜甜圈
rye bread	黑麦面包
sponge cake	海绵蛋糕
sweet roll	甜餐包
tart	塔
toast	吐司
white bread	白面包
whole wheat bread	全麦面包
black forest cake	黑森林蛋糕
caramel pudding	焦糖布丁
carrot cake	胡萝卜饼
cheese cake	奶酪蛋糕
cream horn	奶油角
finger biscuit	手指饼干
flan	果馅饼
ginger house	姜饼屋
hamburger	汉堡包

续表

英文	中文
hard roll	硬餐包
marble cake	大理石蛋糕
pita bread	口袋面包
Sacher torte	萨赫蛋糕
sandwich	三明治
pretzel	蝴蝶脆饼
soft roll	软餐包
Swiss roll	瑞士卷
Tiramisu	提拉米苏

四、烘焙工艺

英文	中文
add	加入
bake	烘烤 / 烘焙
beat	拍打
blend	混合
boil	煮
braise	炖 / 焖
brush	刷 / 涂
chill	（使）冷却
chop/ cut	切
colour	着色
decorate	装饰
fry	油炸
dip	蘸
divide	分割
evaporate	（使）蒸发
ferment	（使）发酵
fold	折叠
freeze	冷冻
garnish	在食物上加饰菜

续表

英文	中文
glaze	在食物表面浇液浆
grate/ grind	磨碎
knead	揉/捏
mature	(使)制成/(使)酿成
melt	融化/熔化
mince	(通常用机器)切碎
mix	(使)混合
mould	用模具制作
peel	削皮
pipe	在蛋糕上裱花
pour	灌/注/倒
punch	打孔
roll out	擀薄
round	揉圆
scrape	刮
seal	封口
shell	去壳
shred	撕碎/切条
sift	筛(面粉、糖粉等)
simmer	小火煮
slice	切成薄片
spread	扩散
squeeze	压/挤/榨/捏
steam	蒸
stir	搅拌
strain	过滤
taste	品尝
thaw	解冻
whip	搅打奶油或蛋清使其成糊状
wrap	包/裹

五、状态描述

英文	中文
adherent	黏附的
bad	不好的 / 坏的
bitter	有苦味的
bland	淡而无味的
braided	编成辫子的
brown	棕色的
bubbly	充满气泡的
bulgy	膨胀的
caramelized	浇上焦糖的
cheesy	干酪味的
chilled	冷藏的 / 冷冻的
coarse	粗糙的
cold	冷的 / 凉的
compact	紧密的
cottony	棉花似的 / 软的
creamy white	奶白色的
crescent	新月状的
crumbly	易碎的
crusty	脆皮的
cubic	立方的
dark	深色的
delicious	美味的
dense	稠密的
dry	干的 / 干燥的
dull	暗淡的 / 钝的
elastic	有弹性的
even	均分的
fast	快速的
fixed	固定的
flaky	易碎裂成屑的

续表

英文	中文
flat	平的
foreign flavour	杂味/异味
fresh	新鲜的
frozen	冷冻的
gold	金黄色的
good	好的/优良的
ground	磨细的
gummy	黏性的
hard	坚硬的
heavy	重的
homogeneous	均匀的
hot	热的
instant	即食的
knotted	打成结的
large	大的
light	轻的/淡色的
long	长的
loose	疏松的
marbled	有大理石花纹的
mild	温和的/味淡的
overbaked	烘焙过度的
pale	淡色的
poor	低劣的/差的
pungent	刺激性的
ragged	边缘参差不齐的/表面凹凸不平的
raw	生的/未经加工的
rich	油腻的/因含大量黄油、稀奶油或鸡蛋而容易让人感到饱的
salty	咸的
shallow	浅的

续表

英文	中文
sharp	尖的／锐利的
shiny	光滑发亮的／闪光的
short	短的
silky	丝一般柔软光亮的
silver	银制的／银（白）色的
simple	简单的
slow	缓慢的
small	小的／少的
smooth	光滑的
soft	柔软的
solid	固体的
sour	酸味的
spotted	有斑点的
stale	不新鲜的
sticky	黏的
stiff	硬的／挺的
streaky	有条纹的
strong	气味强烈的／味道重的
succulence	鲜美多汁的
sweet	甜的
tender	软的／嫩的
thick	厚的／粗的
thin	稀的／薄的
tight	紧的／牢固的
tough	切不下的／咬不动的／老的
unbaked	未经烘烤的／未成熟的
uniform	一致的／相同的
weak	不牢固的
wet	湿的